咖啡屋

创客的后花园

甘德安 | 著

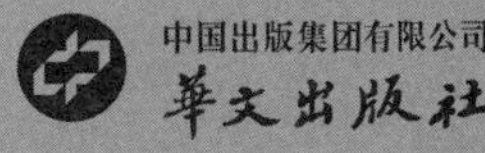

图书在版编目（CIP）数据

咖啡屋 ：创客的后花园 / 甘德安著．-- 北京 ：
华文出版社，2015.11（2025.1重印）
ISBN 978-7-5075-4438-1

Ⅰ．①咖… Ⅱ．①甘… Ⅲ．①成功心理－通俗读物
Ⅳ．①B848.4-49

中国版本图书馆CIP数据核字（2015）第269041号

咖啡屋：创客的后花园

著　　者：甘德安
责任编辑：张明华
出版发行：华文出版社
社　　址：北京市西城区广外大街305号8区2号楼
邮政编码：100055
网　　址：http://www.hwcbs.cn
电　　话：总 编 室 010-58336239　　发 行 部 010-58336267
责任编辑 010-58336259
经　　销：新华书店
印　　刷：三河市天润建兴印务有限公司
开　　本：710mm×1000mm　1/16
印　　张：17.25
字　　数：210千字
版　　次：2016年1月第1版
印　　次：2025年1月第2次印刷
标准书号：ISBN 978-7-5075-4438-1
定　　价：59.80元

推荐语

本书是跨界思想者——甘德安教授的新作。以咖啡屋为门径，精骛八极、心游万仞。书中关于自由时光与精神世界的见解，关于创意创新机理的阐释，关于工业时间价值的反思，关于第三空间成长性的预测等内容，体现了作者宏大的知识建构能力，以及对社会问题粒度的恰当把握，渗透着学养与智慧，充满了真知灼见，不仅富于启发性，而且极具现实指导意义。

全书述则旁征博引、汪洋恣肆，论则洞见幽微、入木三分，思想火花随处可见，既可作为一本知识性读物，增长见识，开阔视野，又可作为一本创新创业理论指导书，激发灵感，助益思考。对于创业者、企业家、科学家、工程师和设计师来讲，本书尤具参考价值，见仁见智，各取所需，读之如深山探宝，定能不虚此行。

——清华大学计算机科学与技术博士、
高级工程师、智能机器人专家：连广宇

我在牛津读书时，深切感受到牛津大学师生们“喝咖啡”的传统。达到了“正式的课可以偶尔不上、咖啡屋交流却不能缺席太多的程度”，而这或许是这所世界顶尖学府诞生了四十七位诺贝尔奖获得者的原因。但回国之后，很少发现教授与学生坐在一起喝咖啡，更遑论“生成—创新”的过程了。我相信，如果读者们细细品味这本书所提到的知识创新环境对“场所”条件的要求，就会明白“咖啡屋”存在的真正意义。

——英国牛津大学教育学博士：吕文威

三年前，我们一群年轻人与甘德安教授的首次畅聊就发生在校园的咖啡屋里。咖啡屋里的言语交流、话题探讨、思想碰撞显然是一个无需预演，而直接参演的剧本。没想到三年后，甘德安教授能以咖啡屋作为研究对象亲自构思撰写了新著——《咖啡屋：创客的后花园》。这部著作运用了不同学科领域的知识精华和思想灵感，系统、深刻、精准论述了以往研究中的未及之思和笔下未尽之意。同时，它又是形象的，充满创意和富有情怀的，书中所展现的许多现实版的文学故事、科学发现、创业传奇等均是在咖啡屋里创造出来的。可以说，咖啡屋之意义已远远超出本身之存在，成为一种探求高级趣味、生命意义的精神空间和文化风尚。

——中国社会科学院法学博士：王一诺

没有想到甘德安教授能就咖啡屋洋洋洒洒写了一本书。这本书提出并研究了跨界创新，这本书本身就是跨界创新的体现。书中综合运用了自然科学、经济学、社会学、心理学以及文学、艺术等各个学科的知识之光，照耀咖啡屋，围绕咖啡屋作为一种创意的空间而展开论述。我觉得很有新意，提出许多新看法，非常有价值，也很有现实意义。

——北京师范大学文学博士、北京第二外国语大学教授：唐晓敏

从创意出发，漫谈创业和创新的种种奇思妙想，把读者引入一种自我超越和突破的空间。透过咖啡屋现象，让我们深切领悟到思维领域的革新是何等的重要和必不可少。鲜明的观点和脱俗的文风，是作者最诚挚的奉献与表达。

——《中国高新区》杂志社长、诗人：项耀汉

二十年前，我第一次采访甘教授的时候，甘教授跟我们谈的话题是关于“公平与效率”的思考，而那时社会上“时间就是金钱，

效率就是生命”的观念深入人心，国企改革走向深入，职工纷纷下岗。二十年后，以“咖啡屋”作为他脱离体制后第一个选题，似乎是想以“咖啡屋”黏连的人群作为读者群，这群人是中国最有活力、最有创意、最有创新精神的一群人，将创新、创业、创客装在咖啡屋里重新打量，便有了不一样的味道。

——武汉电视台记者：范白蔷

本书跨学科分析了咖啡屋的功能和跨界创新的机理，对建立创新城市、创新文化乃至创新国家具有现实意义。该书除内容外，本身就是一个跨界创新的现实范例，凝聚了作者创新的智慧和精华。

——湖北工业大学管理学教授：金勇博士

本书是甘德安教授在繁忙的工作之余所研究撰写的又一鸿篇巨著，展现学者潜心研究、不懈追求、坚持学习的风范。咖啡屋从国外到国内反映了人类社会进入创新创造创业时代的典型特征，也是对国家所提出的构建大众创新、万众创业的众创空间的充分体现，反映时代的呼声、回应时代的需求、引领时代的潮流，还是中国经济走出低迷、促进稳步增长、加快转型升级、实现创新驱动的关键引擎。因此，该书中提出“咖啡屋是城市的第三空间、创业的孵化器、创意时空的对话、属于多学科的跨界创新”等重要观点具有重要的理论价值与实践意义，值得学习、研究和推广。

书中指出，“在中国，最稀缺的资源不是物质人力资源，而是企业家的创业精神与担当情怀”。但是，在中国，不仅仅稀缺的是企业家精神、创业精神、担当精神，更重要的缺乏咖啡屋生存和成长的环境，特别是制度环境。人的创造潜能是无穷大的，但能挖掘人的创新创造潜能的体制机制往往严重缺乏，无论体制内还是体制外，有的企业或者机构领导人仍然难以摆脱几千年的专制作风，严重扼杀创新创意。要促进创新创造创业还很困难，激活所有人的创造动力还需要破除各种制度枷锁或者传统文化恶习，咖啡屋更呼唤开放、包容、革新的制度空间。

——清华大学博士后、北京社科院市情中心副主任、副研究员：陆小成

本书作者用独到的眼光将创意空间聚焦在咖啡屋，这一源自西方的文化产物，透彻地分析了咖啡屋作为创意空间所具备的各种独特元素。视角独特、见解独到。

创意需要灵感，灵感需要触发，环境优雅的咖啡屋作为一种能够通过视觉、听觉、味觉等激发灵感的特有空间。从其诞生之日起，让无数优秀的艺术家产生出绝妙的创意和灵感。咖啡屋的环境形成着一种气场，这种气场经常能够让人自觉不觉地思维活跃起来，满足了创意思维的基本要素，几个或者一群思维活跃的人，相互交换着创意，激发着灵感，刺激着思维，咖啡因又进一步起到催化的作用，几个要素的共同作用，能够让人在这种独特的空间中，形成新创意。创意当然不都源自咖啡屋，但咖啡屋是激发灵感最多的空间环境，因为咖啡屋具备这样的条件——活跃思维的气场。这就是咖啡屋作为创意空间的存在价值。

——北京千龙新闻网前副总裁兼技术总监：田辉副教授

咖啡屋对现代人并不陌生，但现代的你是否知道咖啡屋一直是和创新、科学发展、思想启蒙、工业发展、金融、创业息息相关？是否清楚背后的机理和奥妙？这本书会启发你找到克服资金瓶颈、触发科研灵感、寻找跨界交流的有效途径，增强或重构你的创新环境，为你的成功助力。

——中国科学院理学博士：付子依

最开始我以为这是碗学者转型的心灵鸡汤，接着我发现这是本创业红宝书，再后来我感慨这种对创新理论的通俗表达。直到最后，

我感动了！原来这是一位经历过上山下乡、改革开放，曾经游走于体制内与体制外的学者对独立人格和自由精神的嘶声呐喊！

——武汉大学管理学博士：黄颖斌

创新需要批判性思维，本书就是对咖啡屋这样一个常见的生活场景，以批判性的视角，不分学科边界，运用智力及想象进行审查，从而对咖啡屋进行了全方位的解析和重构。其中对咖啡屋的历史发展、人文氛围、经济功能、创新创业等全方位的解读和演绎，尤其是对创新的空间意义有着浓墨重彩的分析，均十分精彩。

——华中科技大学管理学博士：刘义

本书充分体现了跨界的思维方式，融咖啡文化、心理、金融、信息、互联网、人才等于一体，打造了一种前沿的咖啡屋理念。并深刻分析了这种咖啡文化背后的生成机理，这本书对中国人才培养机制、创新环境的培育、企业特别是咖啡企业的经营转型等具有重大指导意义，是一本不可多得的好书。

——北京工业大学应用经济学博士：袁页

作者开放的思维触角给创业者以思想碰撞的契机。本书既是创业方法的探索，也是对创业者的精神鼓励。

——北京时代华文书局编辑：张原

序　一

甘德安是我20多年前的学生，近10年来他几乎每年都要请我为他的新著作序，包括《复杂性家族企业演化理论研究》(经济科学出版社，2010)、《中国成语批判》(华文出版社，2014)。他一直是个勤奋的学生，是一个充满创新精神与创业激情的院长，也是借助经济学跨界研究现实问题的学者。眼前这本书就是他将复杂性科学、城市经济学、创造心理学、创新经济学、休闲经济学等学科理论跨界研究咖啡屋、咖啡文化的著作，更是他身份上的一次跨界——从公立大学的教授向一个自由撰稿人转型；从一个被体制内约束的学者向一个能独立思考的学者转型；从学术研究论文的行文模式向以学术为骨、通俗为形的著作转型；从面对学术同行阐述学术思想与理论向面对广大的创意者、创新者与创业者转型。这种转型是需要很大勇气的，我衷心希望他转型能够成功！

看到书稿名字时，我还以为这只是一本介绍咖啡屋历史和文化的书，但是翻到后来发现作者的视野非常开阔，从城市与生命的第三空间，创意、创新、创业，咖啡屋与自由精神的追求等话题谈到咖啡屋与创意、创新、创业的关系、功能与机理，咖啡屋与自由时光的追求等，信息量很大，观点也很犀利，能跳出咖啡屋谈咖啡屋，同时也能紧密围绕着咖啡屋这个主题来收放。读时不时为作者深邃的洞察力和创意的火花所打动，读完后感觉痛快加酣畅淋漓！

诚然当今做得最好的咖啡屋不仅仅是传统意义上一个提供舒适环境以供消费者品尝咖啡、聊天和阅读的场所，更是将咖啡文化与互联网、金融、资本、信息、人才、企业家精神等融合起来形成的一个“创意的孵化器”；咖啡屋也不仅是文学的沙龙，更能够让人们感受到咖啡屋就是大学，没有咖啡屋的大学本质不是大学。人们来到咖啡屋不仅仅是为了享受自由的时光，更是为了获得更多的创业机会和在与有多知识背景的人的沟通中“涌现”出的创意、创新思维。

许多中国人工作之余更多的是在饭桌、麻将桌、酒吧、KTV 等场所寻求短暂的生理快感，来缓解工作的压力。这些事物有好的一面，但是大众更需要的是一处能点亮生命的场所。中国更急缺的是像车库、3W 这样的咖啡屋，来提供给大众一个创业的第三空间；需要像罗马咖啡屋、苏格兰咖啡屋这样供学者自由探索科学之美的场所，像凯普特咖啡屋这样的一个温馨的阅读、思考之地，更需要像爱神咖啡屋、大象咖啡屋那样成为城市的名片、城市的明珠。咖啡屋不仅具有比餐厅、棋牌室优美得多的环境，而且比茶馆、酒吧、图书馆等具有更好的创新环境，也只有处于多元文化中的人，才能更好地产生创意。我们不仅仅需要通过阅读、听课拓展思想的深度，更需要在咖啡屋激发创意、创新的火花，并行动起来。

总的来说，这是本富有思想的好书，不仅内容丰富、思想深刻，而且行文流畅、词语新颖。为此，我极力推荐大家来赏阅，相信大家读后必有收获。

是为序。

李京文

2015 年 9 月 27 日，中秋之夜

（注：本序作者是中国社会科学院学部委员、经济学家、中国工程院院士）

序　二

作者半年前曾说过，要写一部关于咖啡屋与创新的书，那时他才完成《中国成语批判》一书的写作不久。我想他在大学读的是数学，后来又改学经济和管理，一定是熟悉咖啡屋与布尔巴基学派、“英国交易所”、“纽约交易会”的不解之缘而有感而发吧。而今天呈现在面前的竟然是洋洋二十万字的鸿篇！没有平日的多方涉猎、苦心钻研以至集腋成裘、宿构于胸，在这么短的时间里完成内容如此丰富的著作简直是不可能的。的确，作者也是我见到过的少有的勤奋用功者之一。

作者在书中讲到了咖啡屋的今生与来世，咖啡屋作为城市和生命的第三空间角色的演变。作者从多学科、多角度论述了本书的核心内容“咖啡屋对于创意、创新、创业的作用及机理”。作者在书中引经据典信手拈来，说理自然丝丝入扣。文风兼有作家自由而飘逸的丰富联想和学者严谨而逻辑的理论剖析。才思敏捷、见解深刻的作者不断迸发的颇有新意的思想火花，使读者在了解知识的同时，饱受智慧的沾溉。这些使得本书在国内外论及咖啡屋与创意的文章和著作中是完全可以争胜的。

作者在书中也多有“借题发挥”和“引而不发”之处，激发读者自己做深入的思考。如作者写道：“咖啡屋不是计划经济的产物，无关行政命令，是个人或者志同道合者自愿到这个没有领导命令、没有

科层之分、没有对错胜负的咖啡屋里，享受平等自由，放松交流与碰撞……自然会产生新的思想、新的创意。”看到这儿，我们自然想到，在我国面临急需依靠新的思想、新的创意进行全面改革的时刻，我们的社会生活在许多方面不也应该使国民无行政命令地享受平等自由，放松交流与碰撞吗？这种发人深思的地方还有许多，需要读者自己去发现。我想这也是本书真正的价值所在。真正的作家的天性是批判的，通过批判启迪人们的心智，升华人们的精神，此书作者亦如是。

周啸天说，跳读是读书的不二法门。我要说，读此书是领悟咖啡屋与创意的关系及相关问题的不二法门。

沈大庆

2015 年 10 月 2 日

（注：本序作者是复旦大学数学博士、首都经贸大学数学系前主任、教授）

目录

前　言

这是一本借助通俗语言，以咖啡屋为对象，研究咖啡屋与创意、创新与创业关系的书；是介绍与研究咖啡屋作为城市与生命第三空间的书；是探讨创业者、创新者、创意者与空间关系的书；是探究咖啡屋创意机理的书；是探究到咖啡屋逃离工业时间暴政的书；是讨论咖啡屋与休闲产业关系的书；也是研究超大型城市功能变异导致社会关系与舒适度变异而激发创新的书。

相对于传统图书馆、自家书房，咖啡屋呈现的则是别样风景或另番情趣。它不仅是传统的社交公共沙龙，好读书者阅读的地方，静心守心者的独处世界，更是知识分子、专业技术人员、创业者追求心灵自由的思维空间，是新的社交网络背后的另一生命平台，是展现中产阶层情调以及谈情说爱的现代后花园。

咖啡屋实际上也是现代金融起源之地。从世界第一个工业国家英国看，不论是 1698 年英国人约翰·卡斯塔发起的股票交易活动，还是 1773 年英国的第一家证券交易所，即后来的伦敦证券交易所，都是在伦敦柴思胡同的乔纳森咖啡馆产生的。更早的 1688 年，爱德华·劳埃德创办的咖啡屋，渐渐成为信息的集散地，富商和船主进行保险交易的场所，后演变成一家保险公司。

英国如此，世界第一经济大国、金融大国、科技大国的美国依然如此。美国商人汤迪从 24 名美国经纪人在华尔街梧桐树下商定

的《梧桐树协议》中看到商机，便创建了汤迪咖啡屋，并在咖啡屋成立了“纽约证券交易会”，这就是今天的纽交所。

移动互联网时代，咖啡屋又有了意义非凡的新功能与使命。咖啡屋已经成为中国 80 后、90 后创业的平台，成为科技与资本孵化新型企业的高地，成为创业的孵化器。车库咖啡、3W 咖啡、贝塔咖啡就是其中的代表。2015 年 5 月 7 日，中共中央政治局常委、国务院总理李克强走进 3W 咖啡屋，品味咖啡并与创客们交流。总理询问创客的创业经历和创新想法，并指出，全社会要积极创造条件，促进众创空间蓬勃兴起，推动各类创新要素融合互动，让一代“创客”的奋斗形象伴随着中国经济的升级，成为创新中国、智慧经济的重要标识。

咖啡屋不仅是造梦的地方，也是实现创业理想的梦工厂。在中国，最稀缺的资源不是物质人力资源，而是企业家的创业精神与担当情怀。创业咖啡屋将成为中国年轻一代在移动互联网与工业 4.0 时代的创业高地，这也是硅谷创业精神在中国北京中关村践行的另一版本。我们完全可以把硅谷看成是一个大的创业咖啡屋，把创业咖啡屋看成是一个缩小版的硅谷。创业咖啡屋的最大特征就是，为具有创业激情或想法的年轻人提供创业平台和路径指引，为风投和天使投资聚集资源。正如美国《华盛顿邮报》记者在造访“车库咖啡”后在其撰写的《美国人应该真正害怕中国什么》一文中所指出的那样：中国最值得美国人害怕的事情，是中国人发现了美国的秘密——科技和资本的结合。这位西方记者敏锐地观察到，在今天的中国社会，很多草根创业者，将成为推动中国经济转型的重要力量。车库、3W、贝塔等创业咖啡屋，将是追梦者、造梦者与圆梦者的一个重要阵地。咖啡屋，作为当今创新、创业的孵化器角色应该是当仁不让了，或许这也是现任国家总理李克强现身 3W 咖啡屋，以鼓励创客的创业之举吧。

咖啡屋不仅是城市的第三空间，创业家的栖息地，文人墨客的读书沙龙，更是哲学、社会科学发现的高地。不论是法国的“咖啡哲学”，还是英国皇家科学院的学术平台，都与咖啡屋息息相关；不论是20世纪50年代的法国布尔巴基学派对20世纪下半叶数学的前沿影响，还是美国80年代的桑塔菲研究所对复杂性科学的探索，咖啡屋均成为激发他们科学成就的酵母。三个多世纪以来，咖啡屋成为文化启蒙的神圣讲坛，成为科学发现的圣地。

咖啡屋不仅是一部文化史或商业传奇，更是一个具有较强时空置换和能量转换的自由平台，这也是咖啡屋具有强大创造力的一个机理。虽然马克曼·艾利斯（Markman Ellis）的《咖啡馆的文化史》名扬天下，但他主要是从文化角度研究咖啡屋，没有涉及咖啡屋作为创意、创新、创业栖息地的机理问题。虽然马克·彭德格拉斯的《左手咖啡、右手世界：一部咖啡的商业史》成为咖啡爱好者的圣经，但还是咖啡的商业史，或许你看完这部400页的著作，你会有这样的感觉，滴滴香浓的咖啡里面都流淌着殖民地咖啡农的鲜血。虽然泰勒·克拉克的《星巴克：关于文化、商业的创业传奇》介绍了咖啡帝国星巴克崛起与驰骋世界的创业史，但该书也是关于星巴克创业、崛起的叙述史，没有研究咖啡屋本身的创意、创新与创业的机理。可见，咖啡屋所具有的创意、创新与创业的机理似乎是一个未开垦的处女地，是一个没人系统论及的课题。我以前没有特别专门研究咖啡屋，但我发现读书、思考、与友交流等大多是在咖啡屋完成的，觉得咖啡屋就是一个充满创意、创新的地方。实际上，研究咖啡屋的功能与机理就是研究创意、创新，乃至科学发现与环境之间的关系，不过这个关系的研究是在咖啡屋这个微观环境和宏大时代背景下的交叉视角下进行的。

咖啡屋创意、创新与创业的机理就在于，咖啡屋首先是一个平台，一个空间，抑或是一个思维网络，一个用时间置换空间的平台；一个借助咖啡能量转换创意质量的平台；也是多元思想在这里碰撞、交流，不断寻找轨道、流程与结果的跨学科的思维网络，是创意、发现的创造力之源。

为什么咖啡屋具有这样的功能与机理？借助复杂性科学可以给予较好的解释。到咖啡屋的人往往具有不同的知识和职业背景，即使是在同一个朋友圈，也会有跨学科、跨行业交际的现象。随着交往圈的不断扩大，圈子里汇集了不同学科或职业人士（如科学界、企业界、文学界等），以及科技、市场与资本等诸多要素。按复杂性科学的“涌现”理论，在一定的环境中，多要素相互作用会涌现出不同于参与的每个单独要素的新的要素与性质。也就是说，在咖啡屋这个特殊的环境中，来自不同学科、不同职业、不同视角的人在相互沟通、相互碰撞、相互讨论中孕育并涌现了新的思想、新的创意、新的科学思想。

同时，咖啡屋之所以能产生新创意、新思想、新企业，表现出强大的创造力，也是自组织的力量，这也是咖啡屋创意、创新、创业的一个机理。咖啡屋不是计划经济的产物，无关行政命令，是个人或者志同道合者自愿到这个没有领导命令、没有科层之分、没有对错胜负的咖啡屋里，享受平等自由，放松交流与碰撞。这种自组织的形态，自然会产生新的思想、新的创意。如同改革开放初期那些草根企业家，在没有资源、没有资金、没有计划的状态下为自我生存，为自我价值的实现，呼朋唤友创办自己的企业一样，体现的也是自组织的力量。

此外，新企业、新技术、新业态的产生往往都不是自上而下的，而是来自草根的底层创新与边缘创新。信息时代的重大创新大多是底层创新与边缘创新的结果，咖啡屋恰恰体现了底层与边缘的创新。

为什么在咖啡屋能获得在家中、在办公室、在图书馆意想不到的创意呢？在家中、在办公室，由于个体要素和思维惯性，我们很容易线性思维、直线思维，而咖啡屋在无形中意味着交际空间的打开和思维空间的释放，对同样一个对象有不同的视角与解读，这必然使思维受到跨界冲击，导致研究方向的不确定性和非线性，而跨界思维的结果即为创造力的涌现，这也是咖啡屋为我们提供创意、创新的一个机理。

在图书馆，是一种视觉的阅读，是人与书的交流，或者说是人与书后面作者的思想、情感的交流，体现更多的抽象与逻辑；而咖啡屋则是一种人与人之间的阅读、一种听觉的对话交流，面对面的交流思想与感情，这就必然要学会如何运用简单、通俗的语句表达。所以，我们既需要到图书馆阅读，更需要到咖啡屋交流；图书馆阅读给我们以思想的底蕴与厚实，咖啡屋则给我们思维的敏捷与思考。

还需注意的是，我们在家中、在办公室、在图书馆也在不断阅读与思考，但这些阅读与思考往往成为我们的隐性知识，积累到一定阶段，逐渐接近引爆创意、创新的临界点，而这个爆发点的引擎就在咖啡屋。在另一个环境中，在另一种视角中，在一群存有思维差异却又志同道合的朋友中探讨你日思夜想的问题时，引爆点产生了，隐性知识显性化了，你的新思想、新创意像钱塘江大潮一样涌现，这就是咖啡屋的作用，这就是咖啡屋的机理。这也说明第一空间（家依托于情感生命）、第二空间（办公室、工作室等作用于基本交际）与第三空间（咖啡屋连接着情感与交际等功能，将其最大化，是延续、融合与创造）的互补作用。

为什么是咖啡屋，而不是茶馆、酒吧或麻将室？想必这也是读者心中的困惑吧，对此有必要比较咖啡与酒及茶的功能，了解咖啡屋在中国的前世情缘：唐朝驿站、帐庭与茶楼；分析咖啡屋的中国今世——为什么中国不少咖啡屋服务功能演变成咖啡＋中国茶＋麻将室三合一的功能。这实际上探究的是咖啡屋中国化背后的西方文化与中国文化的交接与碰撞。我们还要探究一下咖啡屋的中国来世。中国今后30年最大的发展趋势就是城镇化历程，城镇化必然导致城市的发展，必然导致城市第三空间的发展，必然导致咖啡屋的发展。经济的发展、城市的发展必然导致产业结构的转型，第一、第二产业逐步降低比重，而第三产业，特别是现代服务业的发展，自然会导致人们生活质量和生活品位的提升。咖啡屋会越来越多，到咖啡屋读书、休闲、沉思、交友、创意、创新、创业的人也会越来越多。特别是大学的转型，越来越多的大学毕业生必然从就业走向创业，可以说创业咖啡屋是生逢其时。政府必然会拓展城市的第三空间，作为生命的个体，特别是城市的白领、创业者、科学工作者、年轻人更需要拓展生命的第三空间。这就是咖啡屋在中国的来世。

关于咖啡屋的研究虽然有些海外的成果，对咖啡屋的功能、意义有了一定的认识，但这是远远不够的。如同虽有牛顿力学与万有引力定律对宇宙及日常自然界做了最好的解读，但要认识广袤的宇宙与微观的量子世界是远远不够的。我们也要探索咖啡屋更多的功能与机理，挖掘人们到咖啡屋去的更深刻的原因，如同研究宇宙学与量子力学一样。正如霍金在《时间简史》中所指出的，“自从文明肇始以来，人们总是不满足把事件视作互不相关和神秘莫测的。我们渴望理解世界的根本秩序。今天我们依然渴望知道，我们为何如此，以及我们从何而来。哪怕仅仅出于人类对知识的最深切渴求，我们就应该继续探索。”①我们探索咖啡屋的机理，用现有的解读是远远不够的。

本书不仅是研究人们到咖啡屋激发自我潜在的创意、创新的问题，更是探究城市人找寻自我、找寻丢失的灵魂、寻求心灵港湾、追求自由的书。不论是作为人类的总体还是作为个体，最为重要的就是追求自由，通过自由追求发展与成功，通过成功与发展追求自由。到咖啡屋去寻求创意、创新，实际上是在追求思想的自由，摆脱日常的理性思维、线性思维，摆脱显性知识的束缚，在自由的状态下，通过身心的放松，通过逻辑思维的跳跃，通过朋友间跨学科的碰撞，通过潜意识的激发，发现、提出新的产品创意、广告创意，发现科学研究的新视角；到咖啡屋创业去，实际上是在追求物质财富的同时，从贫困的制约中解放出来，而解放自我；到咖啡屋消磨时光，也是从工作时间中解放自我，我们不仅有工作、有家庭，我们还需要工作与家庭之外的自由空间。慈善不仅是企业社会责任的具体体现，也是个人提升的自我体现，慈善咖啡，就是这种体现的具体形式，是从利已到利他的解放。

总之，本书以通俗为形，学术为骨，因为没有通俗就孤芳自赏、难以传播；只有通俗就人云亦云，流于浅薄。同时，借助城市经济学、创新心理学、创造心理学、创新经济学，特别是复杂性科学等理论研究的成果来解读和分析咖啡屋的功能与机理，探讨咖啡屋在城市发展中第三空间的意义以及咖啡屋在中国的前世、今生与来世。

佛陀说，生命是一种苦难；诗人说，生命中最为甜美的莫过于爱情；哲学家说，死亡是生命中无法回避的黑色。那么，到咖啡屋品尝一杯咖啡时，是否可以通过品尝咖啡之苦、奶糖之甜、黑色为底的过程，品尝到生命、爱情与死亡的本质呢？

---

① 霍金．时间简史（普及版）[M]. 长沙：湖南科学技术出版社，2009：14.

本书的读者对象应该是年轻人，想创业的人、想读书的人、想创立新科学与发现新理论的人、想休闲与放松的人，包括企业家、风投人士、学者、艺术家、政府城市规划者、服务业人士以及谈情说爱的人。

甘德安，2015 年 8 月 15 日于江城

第一章

咖啡屋：城市的第三空间

城市是人类社会发展的重要载体。上海世博会最有名的广告词是：城市让生活更美好。美国城市经济学家简·雅各布斯（Jane Jacobs）提出了下面这些深刻的思想：大城市是多样性的天然创造者，是新企业和各种新思想的孵化器。大城市还是数量众多、业务广泛的小企业的天然的经济庇护所……依靠其他各种类型的企业，它们进一步增强了经济多样性，这是需要牢记的最重要的一点。城市的多样性本身就容纳和激发了更多的多样性……如果没有城市，这些小企业不可能继续存在……城市带来的多样性的基础在于，城市中有大量的人紧密地聚集在一起，其中又存在那么多不同的品位、技能、需求、供给和奇怪的念头。①

在中国，70%以上的GDP、80%以上的国家税收出自城市，90%以上的大学和科研力量分布在城市，城市对于国民经济发展的推动作用极其重大。而研究咖啡屋在城市中的地位、作用，特别是探究咖啡屋中创意、创新、创业的作用是十分有意义且十分紧迫的事情。此外，因为人口稠密导致复杂性社区出现与复杂性社会关系，与二线、三线城市相比，大城市更容易培育咖啡屋这样的创意、创新、创业的亚文化。讲咖啡屋，讲咖啡屋的创意、创新与创业的功能与机理也正是在城市这个背景下展开的，这是本书的一个不容忽视的基本前提。

如今，在国内的许多城市，咖啡馆已经不少见，许多年轻人成

---

① 埃德蒙·费尔普斯．大繁荣：大众创新如何带来国家繁荣［M］．余江，译．北京：中信出版社，2015：111.

了咖啡的热情拥护者。在中国，平均每人每年的咖啡消费量是 4 杯，即使是在北京、上海这样的大城市，每人每年的消费量也仅有 20 杯。而在日本和英国，平均每人每天就要喝一杯咖啡。日本和英国虽都是世界著名的茶文化国家，目前却已经发展为巨大的咖啡消费市场。拥有强大茶文化的中国也具有广阔的咖啡消费潜力，正在成为世界上最大的咖啡消费市场之一。在国内许多大中城市，咖啡专业场所数量每年在以 30% 左右的速度增长。虽然中国咖啡市场处于起步阶段，但咖啡消费增速惊人，这意味着一个巨大的机遇已经降临，意味着有更多的机会和更大的利润回报空间。未来几年，中国有望成为全世界最具潜力的咖啡消费大国。总体来说，由于中国市场巨大，咖啡消费增长前景看好，中国在世界咖啡业扩大需求的总战略中占据重要地位。

我们知道，不论是文化史、科学史、艺术史、创业史，许多创意、创新不是来自家庭，因为家庭太温馨，很容易陷入温柔之乡；也不是来自办公室，因为办公室有太多职业要求、太多规则、太多流程、太多压抑、太多算计与喧嚣；而是来自第三空间，一个既自由自在、启发自我创造力的空间，但又不沉溺其中的地方；一个可以创造财富、创造新的思想、理论与社交网络的空间，但没有领导、没有规则、没有压抑的地方，这个地方就是咖啡屋。

在咖啡屋，人与人交往的关系既不同于家庭那么亲密，也不同于办公室那么冰冷。美国社会学者奥登伯格（Ray Oldenburg）将家庭叫作“第一空间”，将所供职的单位叫作“第二空间”，家庭与单位之外能够见面谈话交流的地方是“第三空间”。显然 ，咖啡屋就是典型的“第三空间”。

数字化未来十大科技思想家之一的美国著名科普作家和媒体理论家史蒂文 · 约翰逊在《伟大创意的诞生》中指出：第三空间是一

种有别于封闭的家庭或办公室的连接环境。他指出，18 世纪的英国咖啡屋孕育了无数启蒙时代的创新思想，从电力科学、保险业，到民主意识。弗洛伊德每周三晚上都会在维也纳伯格巷（Berggasse）19 号组织一个沙龙，医生、哲学家和科学家齐聚一堂，共同商讨精神分析这一新兴领域。巴黎的咖啡屋也见证了许多现代主义思想的诞生：20 世纪 70 年代，一群业余爱好者、青少年、数字化企业家和学术科学家们聚集在家酿计算机俱乐部（Homebrew Computer Club），成功地引发了个人电脑革命。①

下面我们首先探究不同学科对第三空间的阐述，包括我对第三空间的理解，为咖啡屋的功能提供一个理论解释，为本书提供一个理论的框架。

一、什么是第三空间

前面我们已经介绍了美国社会学家奥登伯格关于第三空间的概念，我们也可以进一步明确指出，第三空间指的就是城市的咖啡屋、酒吧、茶楼、博物馆、图书馆、公园等公共空间。第三空间不同于住家和公司，是生活的一个缓冲地带。

第三空间的特征是自由、宽松、便利。城市的第三空间设计得越合理，城市多样性就越丰富，城市的活力也就越突出，一个城市最能体现多样性和活力的地方就是第三空间，要提高人的生活质量必须从三个生活空间同时去考虑。而生活质量的提高又往往表现为第一、第二生活空间逗留的时间减少，第三生活空间活动的时间增加。因此，必须把提高第三生活空间的质量作为提高人们生活质量

① 史蒂文·约翰逊. 伟大创意的诞生 [M]. 杭州：浙江人民出版社，2014：145.

的关键点。现代商业业态的战略规划性恰恰表现在如何精心定位规划第三生活空间。泰勒·克拉克指出，“纵观历史，所有的文明社会都提供了大家聚会交流的场所，人们可以在这里尽情闲聊、探讨观点，或者就是单纯地放松心情。这类公共聚会场所对于文化的健康发展非常必要，并且可以从中反映出其顾客群的独特性格：伦敦有热闹喧嚣的小酒吧；巴黎街头有轻松惬意的咖啡店；北京有庄重雅致的茶馆……”①

此外，第一、第二空间由于受到客观条件的约束，很难进行充分的、灵感闪现的学术交流，咖啡屋却可以满足这样的要求。这样的交流，有助于促进新知识的产生、新业态的整合、新企业的孵化、新财富的创造、新社交网络的形成。

美国学者爱德华·W. 苏贾把第三空间称为异质空间。其实，空间的问题与人类存在与生俱来。空间是真实的存在，还是想象的建构？是主观的，还是客观的？是自然的，还是文化的？在过去的若干个世纪，人类的认识徘徊在二元论的思维模式之中，出现了两种空间认识模式：把第一空间称为真实的地方，把第二空间称为想象的地方。那么，第三空间就是在真实和想象之外，却又融构了真实和想象，是一种超越传统二元论认识的空间。

随着全球化与城市化危机的产生，仅有第一、第二空间的认知模式就暴露了自身的局限性，那些既非真实也非想象的地方，那些既非经验亦非先验的空间，是第三空间，如同“测不准的空间”，一个开放性的空间，一个创造性的空间，一个思想自由交流的空间。此外，传统认识太关注时间的历史，而忽略空间。所说的空间就是牛顿空间，一种与时间有关、与人类无关的空间。第三空间是一种

---

① 泰勒·克拉克. 星巴克——关于咖啡、商业与文化的传奇 [M]. 北京：中信出版社，2014：引言 17.

时间与空间、历史与未来处于交融状态的空间，是一种穿越真实和想象、中心与边缘的心之旅程的时间之空间。110 年前的 1905 年，爱因斯坦发表了题为“论动体的电动力学”的著名论文，提出完全不同于传统观念的空间、时间理论，其核心是空间和时间的统一性。1909 年，赫尔曼·闵可夫斯基在为相对论的空时观做题为《空间和时间》的报告时首先指出：我要向你们介绍的空间和时间观念，是从实验物理学的土壤中生长起来的，而这正是它们的力量所在。它们是带有根本性的变革的。从今以后，空间和时间本身都消失在阴影之中了，只有两者的统一体才仍然是一种独立的实在。①

第三空间也如同波普尔的世界 3 理论。波普尔把世界上所有的现象，根据共存方式划分为三大类别，即三个世界。世界 1，又称为第一世界，我们可以理解为第一空间，是物理世界；世界 2，又称为第二世界，也可以理解为第二空间，是人精神的或心理的世界。除此之外，还有“世界 3”，是物质—精神的世界，也可以理解为第三世界。第一世界与第二世界不能直接交流与互动，只有通过世界 3，即第三世界才能实现物质与精神的互动。在某种程度上，世界 3 就是第三空间。第三空间既不同于物理空间（第一空间），也不同于精神空间（第二空间），它还包含两者的社会背景。

我对第三空间的理解是，第三空间就是时间—空间的一体化。如同爱因斯坦的相对论，时间就是空间，空间就是时间。时间和空间本来就是不能分开的，人们为了研究自然界与人类社会的规律与活动才分别提出时间和空间这两个概念。在咖啡屋，就是用时间换空间，用咖啡的能量换取创意质量的过程。在空间里体现时间，心

① 赫尔曼·闵可夫斯基（Hermann Minkowski，1864—1909），出生于俄国的德国数学家。主要研究领域为数论、代数和数学物理。他深入研究了 n 元二次型，建立了实系数正定二次型的约化理论，被称为“闵可夫斯基约化理论”。

在哪里，哪里就是我们的时间，同时也是我们的空间。

二、咖啡屋：文化的公共沙龙

到咖啡屋是去喝咖啡的，喝咖啡可以振作精神、增强思考能力，恢复肌肉的疲劳，因为咖啡中有咖啡因，可以刺激中枢神经系统，亦可减轻肌肉疲劳。戴维·考特莱特把咖啡、烟草、酒作为500年来人类瘾品的三大宗，而把鸦片、大麻、古柯叶作为三小宗。他提醒我们，心理药物的研发与精神刺激的革命，可以使人类航向极端的迷幻梦域，也可能带来逆向的乌托邦。他指出包括咖啡的瘾品贸易盛行于一个饥渴心灵取代了饥饿肚皮的世界。医学研究证明，服用咖啡能让人松弛理性思维的判断机能。①

但到咖啡屋不仅仅是喝咖啡，更是去休闲、聊天，建立社交网络，放松自己理性的大脑，咖啡屋是激发创意、创新的火花与灵感的地方。正如，德国克劳士·提勒多曼在其《咖啡馆里的欧洲文化》所写道的：如果有一个地方，可以嗅到来自远方的香浓，可以找到储存许久的芳香，可以听到从不褪色的心声，可以触摸记忆的酸涩，可以守候四季的变迁……这就是咖啡屋。②咖啡桌上有哲学，咖啡屋里有沧桑，咖啡壶里煮的是沉浮，咖啡杯里盛的是梦想。总之，这里是心灵靠岸的地方。咖啡屋不仅是城市的第三空间，也是我们生命的第三空间。

在欧洲，各种先进的思想理念在受过教育的上层社会及中产阶

① 戴维·考特莱特．上瘾五百年：烟、酒、咖啡和鸦片的历史[M]．薛绚，译．北京：中信出版社，2014：19.

② 克劳士·提勒多曼．咖啡馆里的欧洲文化[M]．林珍良，译．北京：团结出版社，2005.

级中迅速传播，这些思想理念成了所谓的“文明社会”经常探讨的话题，许多场合都可以看到高谈阔论的人员。最早是出现在大学，后来拓展到沙龙和咖啡屋等社交场所。再发展，那些启蒙运动的领袖也向下层人士、手工业者传播启蒙思想。而这时，咖啡屋已经成为欧洲人重要的商业、社交和娱乐中心，在这里各式人群都能够接触到。大众乐于在这种场合讨论政治和启蒙思想的话题，如果你不谈论开明思想，是不受欢迎的，估计你只能去酒吧了。

作为顶级品牌的咖啡屋——星巴克认为，咖啡屋不仅提供的是咖啡，更多的是提供一种小资情调和文化，提供一种文化体验，一种身份标准识别。在咖啡屋，没有职场的等级意识，也没有家庭的角色束缚，人们可以自由地释放自我，可以全身心得到放松和调节。常到咖啡屋的白领都会迷恋咖啡屋的味道、空气、光线、声音，忘记时间地沉浸在那里。①

英国作家、文学评论家和诗人塞缪尔·约翰逊②在他的《英语大辞典》里这样定义咖啡屋：一个消遣娱乐的场合，不仅卖咖啡，也为客人备有报纸，以供阅读。咖啡屋不只是出售咖啡的场所，还是一种思想，一种生活方式，一种社交模型，一种哲学理念。詹姆斯·麦金托什③认为，一个人的智力，与饮用的咖啡量成正比。霍华德·舒尔茨则认为，咖啡屋主导的不是咖啡而是社会交往，咖啡屋致力于重新发明一种商品。是我们拿出一种古老的、了无新

① 泰勒·克拉克.星巴克——关于咖啡、商业与文化的传奇[M].北京：中信出版社，2014.

② 塞缪尔·约翰逊，英国作家、文学评论家和诗人。1728年进入牛津大学学习，因家贫而中途辍学。经八年的奋斗，终于编成《英语大辞典》（1755），约翰逊从此扬名。重要作品有长诗《伦敦》（1738）、《人类欲望的虚幻》（1749）、《阿比西尼亚王子》（1759）等。还编注了《莎士比亚集》（1765）。

③ 詹姆斯.麦金托什（1765—1832），近现代英国历史学家与政治活动家。涉猎法学、哲学、伦理学等多种学科，拥有律师、法官、教授、官员和议员等多种头衔。他的史学代表作有《英国1688年革命史》《从最早时期到最后改革的实施》《莫尔传》《英格兰史》。

意、平淡无奇的东西加上咖啡后，在它周围编制浪漫情怀和社区概念。[①]

在欧洲，几百年来人们都在这样的咖啡屋里结交朋友、举办沙龙、谈论生活、交流思想，那是他们生活的“第三空间”。咖啡屋以第三空间的形式出现，许多人把咖啡屋作为家和工作间以外最佳休闲去处，或是和朋友交流的据点。[②]或许可以说，没有法国的咖啡屋，就没有法国的艺术、哲学与布尔巴基学派。徐志摩说过，如果巴黎少了咖啡屋，恐怕会变得不可爱。有人甚至把咖啡屋比作是法国的骨架，说如果拆了它们，法国就会散架。法国史学家米什莱也在其《法国历史》一书中写道：“除了咖啡，没有其他东西能让法国人更加妙语连珠，想象力丰富，并照亮事物的真相。正是咖啡的浓郁使布丰、狄德罗、卢梭这些作家炽热的心灵随着加温。”[③]在欧洲的那三百多年历史中，许多人甚至以咖啡屋为家，连给人留的联络电话和地址都写咖啡屋的。“你如果想结识一个人，不必清楚他住在哪儿，只需知道他常在的咖啡屋。”[④]

法国人交流思想的地方有三处：一曰教堂，二曰沙龙，三曰咖啡屋。教堂是西方世界最古老的聚会场所，但是现代生活使很多年轻人都难以适应这一传统。现在，咖啡屋已经成为百姓的公共客厅，也是人民的议会。巴尔扎克曾经说过：咖啡屋的柜台就是人民的议会。这句话明确地揭示了法国咖啡屋和法国人政治生活的紧密联系。事实上，在法国，咖啡屋不仅是娱乐和休闲的场所，也是大

---

① 转引自马克曼·艾利斯：咖啡屋的文化史［M］，桂林：广西师范大学出版社，2007.

② 转引自马克曼·艾利斯：咖啡屋的文化史［M］，桂林：广西师范大学出版社，2007.

③ 吴美枝．台北咖啡屋人文光影纪事 [M]. 台北：台湾古籍出版有限公司，2007：2-10.

④ 克劳士·提勒多曼．咖啡馆里的欧洲文化 [M]. 林珍良，译．北京：团结出版社，2005.

众聚在一起表达自己政治观点的地方。法国普罗科普咖啡屋 (Café Procope) 在法国大革命时期成了革命的加速剂。18 世纪末，法国大革命的三位关键人物罗伯斯庇尔、丹东和马拉是这家咖啡屋的常客，他们在那里宣扬革命思想、讨论革命事宜，他们的“信徒”们也成为那里的常客。

咖啡屋是法兰西思想的摇篮。法国文艺复兴运动的思想火花是从咖啡屋中迸发出来的。“自由、平等、博爱”的精神发源于启蒙学者们在咖啡屋的高谈阔论，并由此向全世界传播。伏尔泰、卢梭、狄德罗及百科全书派学者们就是在“普罗科普咖啡屋”里决定，以人文和科学精神向中世纪神学和蒙昧传统挑战。咖啡屋也是文化启蒙的摇篮。18 世纪，作为欧洲文化发展中心的法兰西，面对社会上所存在的各种形态，织就出一张错综复杂又四通八达的文化传播网，并将法兰西所发生的文化事件迅速地传播到欧洲各地。而当时的启蒙作家与思想家，借助咖啡屋这张文化传播网的中枢，与巴黎、外省甚至整个欧洲的进步人士结盟，形成一个以传播科学及理性为宗旨、以知识分子为主体的“文化共和国”。

咖啡屋是文学家、艺术家的聚集地。在法国大革命结束之后，法国咖啡屋推动了文学和绘画的发展。在和平时期，文学家、艺术家们的创造性活动达到了前所未有的高潮，而咖啡屋则是他们的艺术创作地。18 世纪欧洲启蒙运动的思想家伏尔泰、卢梭、狄德罗，以及大名鼎鼎的雨果、巴尔扎克、乔治·桑、左拉等，都是咖啡屋的常客，波伏娃的《第二性》就是完成于萨特和波伏娃常常落座的咖啡屋。小说家、剧作家、诗人、编辑、画家、音乐家都将咖啡屋作为他们的“第二个家”，在香榭丽舍大街上，蒙特马特高地区内，还有蒙特巴纳斯区内营业的咖啡屋，深受这些艺术家们的欢迎。

巴黎的咖啡屋是最有人情味的地方，那些穷困的艺术家在这里买上一杯咖啡，就可以从白天坐到深夜，这里既温暖又安全，还可以写作画画。巴黎的咖啡屋是仁慈而宽容的，它从来不会因为你只喝一杯咖啡就催你早早离开，只要你愿意，凭着一杯咖啡，你可以一直待下去，这一传统一直沿袭至今。

英国第一家咖啡屋出现在1650年的牛津大学。两年后伦敦第一家咖啡屋诞生，随后咖啡屋快速发展。人们喜欢在咖啡屋交流时事消息，把咖啡屋变成公开的思想交流地，后来演变成不同阶层的人去不同的咖啡屋。大学附近的咖啡屋被称为“便士大学”，意思是在咖啡屋里待一杯咖啡的时间，所获得的知识比大学里学一个月还多，而一杯咖啡的价钱仅一便士。虽然英国有打压咖啡屋的历史，但也有咖啡屋难得的黄金时期，那就是安娜女王执政时期。考证咖啡屋的历史得出如下结论：英国宪法中人人生而平等、言论自由、宗教信仰自由、宽容、博爱等重要思想，就是在安娜女王时代出现的萌芽。在历史长河中，安娜女王与咖啡屋的信念一起，留下了永恒灿烂的身影。

或许，我们只知道，马克思在大英图书馆阅读时留下的两行脚印，而不知道《共产党宣言》诞生于布鲁塞尔天鹅咖啡屋，我们在研读《共产党宣言》时，是否品味出其芬芳的墨香中分明散发着咖啡因特有的激情与振奋。长期担任剑桥大学近代史钦定讲座教授的史学大师乔治·马考莱·屈维廉，在其名著《英国社会史》中强调：“‘英国文化名流普遍的阅读觉醒’是咖啡屋生活的精粹所在。”①

我们知道，咖啡屋文化兴起之时正值启蒙和理性主义时代。在咖啡屋，兴趣和思想相近的人们在那里进行自由交流和争论，提振精神的咖啡则可消除人的疲惫和懈怠，使人们保持清醒和明晰的思

① 陈勇.咖啡屋与近代早期英国的公共领域——哈马斯话题的历史管窥[J].浙江学刊，2008(6)：28–34.

维，为严密、冷静、务实的思考补充养料，有增加脑量的功效。咖啡屋在科学研究和知识传播中的作用也是微妙且重要的，它促进了科学和学术社团的迅速发展。比如英国皇家学会是在牛津的蒂利亚德咖啡屋成立的，并成为当时最著名的科学团体。英国的咖啡屋是一个严肃的场所，在那里，拥有很高社会声誉和地位的人可以和所有类型的人聚集在一起。这个具有包容性的社会交往环境反过来又促进了具有相似兴趣的人组成社团，其中包括文学、商业、科学或政治社团。可以说，英国的启蒙运动是从咖啡屋中诞生和发展起来的。

爱因斯坦从青年时代起就经常同索洛文、哈比希特等人到奥林比亚咖啡屋聚会，一边喝着咖啡、吃点简单的东西，一边讨论数学、物理、哲学等问题，互相取长补短。后来，他们戏称这种聚会形式为“奥林比亚科学院”，这所特殊的“学院”对他后来在科学上取得伟大成就起了很大的作用。

英国科学家马丁从剑桥大学毕业后，曾就职于羊毛工业研究协会、布茨纯药物公司研究部、国家医学研究所、英国威尔柯米基金会等。一天，他和其他研究人员一起喝咖啡，不留神将咖啡洒在滤纸上。咖啡渗入滤纸后，痕迹中心的咖啡色最浓，随着咖啡的逐渐渗透，颜色则越来越浅。看着滤纸上深浅不一的颜色变化，马丁想，也许这个原理可以使眼下他最关心的氨基酸分离。经过各种努力，马丁终于设计出一种可以用滤纸分离氨基酸的纸分离法。马丁因这一发现，于 1952 年与共同研究者辛格一起获得了诺贝尔化学奖。

美国与咖啡这个新事物是天生的盟友关系。或许美国独立与英国打压咖啡屋有一定的关系，当英国咖啡屋受到打压的时候，美国政府则对咖啡屋敞开了怀抱。纽约的布拉德福咖啡屋还经常召开社会组织和慈善组织的各种会议，并且有国会议员和总统的光临。

在美国，初期的咖啡屋都模仿伦敦，但是美国咖啡屋不像欧洲那么欢乐，来咖啡屋的多是做生意的商人，有的咖啡屋还提供过夜的地方，有的咖啡屋则有大大的会议室，政府单位也会在那里开会。美国其实并不担心中国那些生产性园区能够生产出什么对他们产生威胁的产品，倒是在咖啡屋里的思想碰撞、交流探索、相互支持最令他们心急。美国阿波罗 11 号宇航员，在降落月球 3 个小时后，随即喝起咖啡，这也是有史以来人类首次在其他星球饮用咖啡。①

咖啡独特的生物和社会功用，与人类生理和心理需求、新的消费潮流和商业文化、现代资本的逐利模式和种植园的生产方式，甚至现代科技的发展等多种因素相结合，最终成为一种世界性的饮料和消费方式。咖啡屋文化在人类文明发展中起过不可磨灭的积极作用。咖啡适逢其时，有幸成为现代文明逻辑展开的一部分，或曰现代日常生活中并非微不足道的缩影。

作为咖啡屋的第一品牌星巴克，其定位为能够给大家提供一种调节的功能，缓和紧张的生活气氛，同时也让更多的中国人了解咖啡与咖啡文化的内涵，为促进中西文化的沟通搭建了解的桥梁。

咖啡屋不是简单的咖啡提供者。比如，3W 咖啡屋不仅是间咖啡屋，也是一个传媒公司，专注于互联网的品牌。3W 咖啡屋的创始人之一许单单说，过去两年至少做了 500 场到 600 场的沙龙来传递有深度的知识。通过沙龙，让参加沙龙的这些人认可我们，我们就有了这些用户。他说，我们还做了 3W 的微信，3W 的微博，3W 的俱乐部，专家的俱乐部，股东俱乐部，打造并拥有一个广泛的渠道，像三星、腾讯、百度，都是我们传媒公司的客户，我们就把他们的信息传给意见领袖，帮他们做全国的巡回展演，帮他们做策划，

① 戴维・考特莱特 . 上瘾五百年：烟、酒、咖啡和鸦片的历史 [M]. 薛绚，译 . 北京：中信出版社，2014：19.

做一个 B2B 的品牌，怎么做互联网的声音，其实都是我们 3W 创新传媒做的。①

三、咖啡屋：自由的空间

生命诚可贵，爱情价更高；若为自由故，两者皆可抛。这是匈牙利的爱国诗人和英雄、民族文学的奠基人裴多菲写过的著名诗句。生命是珍贵的，裴多菲把生命与爱情看成人生中最珍贵的东西。但是如果一个人连最起码的自由都没有，他的生命也就不是他的，更别说爱情了，作者只是用生命和爱情来衬托自由的重要性。这是诗人对自由的理解，不能说是科学的、理性的分析。经济学家对自由的理解，关于经济发展与自由的关系及自由是发展的终极目标方面，有自己独特的解释。我们知道，发展中国家把发展当作生死攸关的重大问题，这是毋庸置疑的。关键是，发展意味着什么？朝什么方向发展？那些被看作促进发展的因素，会不会倒过来对发展本身造成损害？分歧恰恰出在这里。诺贝尔经济学奖获得者阿玛蒂亚·森认为，自由是发展的目的，也是发展的手段。发展的目的是为了进一步扩大人们的实质自由——即集中注意的人们去做他们有理由珍视的事情的可行能力以及去享受他们有理由珍视的生活的自由。自由既有建构性作用，同时也有工具性作用。建构性作用是自由的价值标准，即自由本身就是最高的价值标准。②

中国最后一位儒家梁漱溟也谈到自由问题。他在《人心与人生》

① 许单单：真正的 3W 咖啡，和外界理解很不一样［N］. 新浪专栏 . 创事纪，2013 - 07-30.

② 阿玛蒂亚·森 . 以自由看待发展 [M]. 北京：中国人民大学出版社，2002.

一书中把自由分为三个维度，也是三个阶段。一是人与自然界关系的维度，二是人与其他主体关系的维度，三是人与自身关系的维度。梁漱溟的三个维度，也是人生自由的三阶段论。年轻时是处理自我与自然界的关系；中年时是处理人与人的关系；老年时是处理自身与内心的关系。①不论儒家、法家，还是东方、西方，作为人，都是生而自由的，都是具有天赋人权的。

柯华庆教授在他的《论共同自由》中指出，农耕文明是身份关系，是依赖关系，是不平等的自由。工业文明是契约关系、是交易关系、是平等的自由。信息时代是互相依赖关系，是双赢关系，是超平等的自由。②咖啡屋正是体现了这种平等的自由甚至超平等的自由。正如费尔南多·佩索阿③（Fernando Pessoa）所说，自由意味着休息、艺术成果，还有生命中智慧的伸展。咖啡屋则为自由的横向与纵向提供了一个时间与空间的维度。

伴随美国咖啡文化的兴起，布波（BOBO）族走进咖啡文化，成为咖啡文化的消费主体，成为时尚人士与文化人士趋之若鹜的、最前端的生活方式。

自从有资产阶级文明以来，资本主义的文化矛盾就一直集中在波西米亚与布尔乔亚的对抗冲突中，波西米亚们的“文化冲动”始终与布尔乔亚的商业文明格格不入。如今，借由美国的“咖啡文化”，布波族就是希冀把二者水乳交融完美结合自成一体，并一路急行走到了时尚的、最前沿的、超越美国20世纪60年代的“嬉皮士”“雅皮士”并融会他们的小众群族。

布波族是由波西米亚（Bohemian）和布尔乔亚 (Bourgeois) 两

① 梁漱溟．人心与人生[M]．上海：上海人民出版社，2011.

② 柯华庆，刘荣．论共同自由［M］．上海：上海三联出版社，2013.

③ 费尔南多·佩索阿，1888年生于葡萄牙里斯本，诗人。

词合并而成，波西米亚原指捷克斯洛伐克那些总是跃跃欲试地颠覆资产阶级的哲学家、艺术家和诗人，如今它已成为代表着流浪、自由、解放和自然特质的象征。布尔乔亚则指崇尚诚实、秩序、节制、谨慎、勤勉、毅力和谦虚等特质的新兴中产阶层，他们追求更好的生活品质。布波族把两者结合起来，注重心灵成长，留意生活细节的协调搭配，渴望亲近大自然和自主抉择，追求有个性的极品物质及精神生活，喜欢竞争和挑战，对具有专业精神的刺激、冒险和极限运动等情有独钟，积极热情地涉猎艺术、收藏、养生、运动、高科技、鉴赏、环保和创作等领域并始终保持着广泛的兴趣。

布波族是既有钱，又不被阶级、身份、道德、社交规矩所束缚，物质和精神同时享受自由的时尚族群。在资本主义社会中，人们承担着对资本主义的职责，但这在布波族身上变成了过去时，因为他们会说自己是反资本主义的英雄，或者自己至少证明了资本主义并不是唯一的生存法则。布波族并非以财富来衡量生活品质，财富给他们带来自由，但他们并不过分追求财富。所以，你也许并非有钱人，但你一定一样可以拥有布波族的生活理念。[①]

有人说，布波人所做的最伟大的创举就是他们成功地实践了这样一种生活方式：既可以获得物质财富的成功积累，同时又能够保持精神的独立、自由和反抗。他们走进了自己的天堂——不再被金钱奴役，不再相信权威。年轻的知识分子也不会再抱怨他们寒酸的薪水已经对他们的专业成就构成一种讽刺，布波人视自己的工作为一种精神创造，他们努力赚钱，但从不认为钱比天还大，钱永远不会占据他们生活的全部。在今天消失了边界的社会文化中，布尔乔亚和波西米亚人搅和在了一起。你会惊讶于这些新一代精英如何把

---

① 布鲁克斯．布波族——一个社会新阶层的崛起 [M]. 徐子超，译．北京：中国对外翻译出版公司，2002.

20世纪60年代反传统的精神和80年代“成功人士”的成就感捆在一起。结合了反叛的60年代嬉皮文化和努力进取的80年代雅皮族群两种完全不同的价值观的现代新经济社会的精英分子，在消闲及心灵生活的追求上却非常向往嬉皮士的自由和超脱。他们享受文明带来的便利，更偏爱古朴的自然；晚上在酒吧饮酒狂欢，白天却谨慎而专业地在个人的工作空间中努力着。

另外，咖啡文化的另一主体就是互联网的智力超群者，“极客”。极客是美国俚语“geek”的音译。随着互联网文化的兴起，这个词含有智力超群和努力的语意，又被用于形容对计算机和网络技术有狂热兴趣并投入大量时间钻研的人。现代的极客含义虽然与过去有所不同，但很相似，他们在互联网时代创造全新的商业模式、尖端技术与时尚潮流，是一群以创新、技术和时尚为生命意义的人，这群人不分性别，不分年龄，共同战斗在新经济、尖端技术和世界时尚风潮的前线，共同为现代的电子化社会文化做出自己的贡献。

极客是一群什么样的人？百度百科的定义是：他们大智若愚而富有科学精神，对一切常识的东西天然反感；他们天生热爱探索和创造，对于跟随和人云亦云深恶痛绝；他们特立独行，从不自我设置禁区；他们信仰自由，对于人为的限制极其不屑并热衷于挑战权威；在工作中他们推崇化繁为简，相信设计的力量并追求产品美学……

极客在电脑中度过他们的休闲时间，他们可能是电脑高手也可能不是，不过大部分都对电脑有着莫大的偏爱，他们对一切新鲜玩意儿都感兴趣。他们每天打开计算机蜂拥进因特网去追求自己的地下文化。极客是新的精英亚文化群，是一群爱好新事物的、以技术为中心，同时对社会怀有深刻不满的地下人类。极客们是那些依靠

计算机技术结合成的社会性人群，他们把大量社交时间花费在计算机网络上。

极客的代表人物有史蒂夫·乔布斯，他用科技先知的智慧与直觉改变 PC 产业、数字娱乐和出版业；有微软创始人比尔·盖茨，他用发明的 Windows 操作系统统治着世界上大多数个人、企业和政府的电脑桌面；有 Facebook 的创始人兼 CEO 马克·扎克伯格，他改变了人们的社交模式；还有谷歌联合创始人拉里·佩奇，他通过 PageRank 搜索技术在创造了一种颠覆性商业模式的同时，成功地将人类获取信息的效率大大提高，不亚于发明印刷术。

咖啡屋与极客结合的典型案例是 DotGeek，这是极客与咖啡屋无缝对接的地方，是用先进的技术将虚拟空间与现实世界连接在一起的地方，是把某种灵感、某项技术、某个行业格局的认知、某种科技趋势的嗅觉与咖啡屋整合起来的地方。

中国的极客在某种意义上诞生于咖啡屋，最为典型的例子就是车库咖啡的创业者们。2013 年年底，《华尔街日报》发表过一篇关于中国比特币市场的报道，其中提到的李笑来是中国持有比特币最多的人之一。近期，一场美国玩家与中国玩家的交流会在车库咖啡举行，李笑来是牵头人之一，也是车库咖啡的常客，他还在车库办了一个主题为比特币安全的交流活动。

有人说 3W 咖啡屋的 3W 取名自互联网（World Wide Web）的简称“www”，因为 2011 年 8 月 6 日 3W 开业那天，正好是中国互联网诞生 20 周年。按 3W 咖啡屋创办人自己的定位是：Here is the Social Circle of Internet。也有人说 3W 就是互联网（World Wide Web）+ 咖啡（Coffee）+ 红酒（Red Wine ）的咖啡屋。3W 咖啡屋，其实就是一个互联网的圈子，也可以说，3W 咖啡馆是一个极客圈。

民国时期，在咖啡屋还不是很发达的背景下，在中国知识分子经济还很窘迫的情况下，在种种非自由条件下，怀着对自由的渴望，对文化的渴望，对精神的渴望，对知识分子的社交平台的渴望，于是民国知识分子的“太太的客厅”自然应运而生。20 世纪 30 年代，梁思成和林徽因一家搬到北平总布胡同的四合院后，周围很快聚集了一批当时中国知识界的文化精英，品茗坐论天下事，好不热闹。慢慢地，梁家便成了 20 世纪 30 年代北平最有名的文化沙龙，人称“太太客厅”。“太太客厅”的座上宾都是当时颇有影响的人物，徐志摩、沈从文、金岳霖、朱光潜、胡适等，他们谈古论今，皆成学问。太太的客厅实际上是变形的咖啡屋，本质上是民国时期知识分子的文化沙龙。

民国不仅有北平的“太太的客厅”，还有上海的“曾家客厅”（主人曾孟朴、曾虚白父子）和“邵家客厅”（主人邵洵美），它们都是实实在在存在过并产生过影响的文化沙龙与社交平台。今年出版的《宋家客厅：从钱锺书到张爱玲》[①]更是准确生动地描绘了 20 世纪 40 年代的上海，中国文化的大家，钱锺书、傅雷、张爱玲等一批文化精英通过私家客厅进行文化走动与社交往来。有“文化昆仑”美誉的钱锺书之名不必再说，翻译大师傅雷之名也是如雷贯耳。他除了翻译作品《高老头》《欧也妮·葛朗台》和《约翰·克利斯朵夫》有影响之外，《傅雷家书》也是改革开放以来影响几代人的读本。还有张爱玲，作者在《宋家客厅》中也另辟蹊径，专门讨论了张爱玲“传说中的作品”这个有趣的问题，整理出张爱玲拟写而未能写成的作品。可见，在民国时期，由于咖啡屋的不发达，名人客厅便成为知识分子的社交平台。

---

① 宋以朗．宋家客厅：从钱锺书到张爱玲 [M]. 广州：花城出版社，2015.

四、咖啡屋：阅读与社交的平台

体味阅读的别样风情是从一杯咖啡开始的。事实上，咖啡屋是一个能给予感官愉悦的奇妙所在，更是兼备了种种阅读条件的安适空间。它的独特存在正在于激发并适合了人们的阅读期待，创造了文化参与的无限可能。著名出版人郝明义在《越读者》中曾动情地想象心目中理想的“阅读空间”，即“一个阅读的人，最好的配备是一张皮椅、一张边桌、一座立灯。如果再奢侈一点，还要加上搁脚的垫椅、钟情的咖啡、一扇能眺望风景的窗子。”[①]他的理想空间指的就是咖啡屋。此外，书香与咖啡香的无双组合也许是众人流连咖啡屋的因素之一。各种混杂的咖啡香具有醒脑之功能，久闻不易瞌睡，这对埋首书海的饕餮书虫来说无疑是最佳的清醒剂。

咖啡屋是个读书的地方，是因为咖啡屋还有曼妙的音乐。一杯好咖啡，一首好音乐，一本好读物，时光就如歌如诗。不只是《我愿意为你朗读》里，读书的声音如藤蔓一般伸展；20 世纪 30 年代莫里逊的镜头下，线装书垂下的签条，在风的律动下形成凝固的音乐；手指翻动书页的声音像一次次满足的叹息，这些都是来自书本身的天然音符。而在咖啡屋，无论是陶笛之声还是天籁之音，不论是无名的钢琴曲还是盛名的《咖啡康塔塔》，有咖啡的地方，就有音乐，那悠扬中的静谧充溢着神秘的魔力，让你专注于书本。甚至连锁巨头星巴克也在 2007 年与合声音乐集团联手成立唱片公司，以期研发适合店内播放的音乐，这是一场咖啡与音乐的探索之旅，也是书之外的另一种美妙旋律。今天的咖啡屋里，戴着耳塞的阅读

① 郝明义．越读者 [M]. 北京：人民文学出版社，2009：172.

身影早已是寻常不过的风景。[①]

我们已经进入一个移动互联的时代，一个打造新的社交网络的时代，一个新的读书时代；但问题的另一方面是怎样防止移动互联时代阅读的碎片化、浅阅读的现象。阅读微信已成为不少人生活中不可或缺的一部分，但微信阅读的碎片化是一个大问题。恰好，咖啡屋可以防止阅读碎片化与浅阅读的倾向，起到从网络碎片化阅读回归到聚在一起深度阅读和讨论书籍的作用。

著名财经作家吴晓波的书友会正是在微信等移动互联网改变社交方式的大背景下，通过线上结识、线下聚会来进行读书的探索。目的就是摒弃移动互联时代盛行的碎片化和电子化阅读，回归到氤氲书香与面对面的讨论。在这个书友会圈中，已经有 50 家咖啡屋成为线下阅读场所。这种借助微信这个社交网络到咖啡屋深度阅读的方式也打动咖啡屋老板。[②]

此外，咖啡屋也在重新打造创业者的新的社交网络，包括创业网络。比如，3W 咖啡屋功能之一就是打造创业者与风投之间的社交网络。他们针对股东的交流圈，设置了年度大会、季度活动和小型主题分享会等多种不同的活动形式。除了定期举行主题交流会，咖啡屋还会组织股东去爬山、聚餐，分享投资行情等专业知识。半年多以来，除咖啡屋直接促成的几对投资案例外，有数十对是通过投资人相互介绍的形式达成了后续结果。

咖啡屋要做创业者和投资人之间的桥梁，把合适的好的项目介绍给投资人。他们认为，让创业者寻找投资人的距离变得越来越短，能够把一米变成五十厘米，也是一件功德无量的事情。总之，这里

---

① 袁密密．“走过这间咖啡屋”：一种发生在咖啡馆里的阅读传统 [J]. 图书馆杂志，2013（7）.

② 张倩怡．北京书友会在线下聚会 [N]. 北京日报，2014-11-28.

可以满足大佬们的诸多诉求：高层之间的相互交流；依靠人脉网络寻找好的投资项目；为企业寻找合适的高管；与其他大佬建立良好的合作关系等。

除股东圈子外，咖啡屋正筹备建立一个新团体，即涵盖企业中层、专家学者的交流圈子。这群人极具商业价值，是社会的中高端群体，潜力无可限量。他们很容易遇到中等收入陷阱，当他们想明白了就会去创业，当浑身带着各种光环的时候，创业成功的几率也非常大。同时，他们可能会成为创业者圈子中的合伙人和合作对象，这个社交圈的建立，会帮助他们在不断的自我成长中，发掘身上的潜在价值。

当天使投资人徐小平说出“在3W出现的人都是行业的精英”时，让这个创业团队颇感欣慰，之前付出的一切辛苦、劳累都转化为更多的前进的动力。

星巴克中国也在积极营建自有移动互联平台。早在2012年2月，星巴克中国App就已经悄然上线。除了饮品介绍和活动资讯外，还自带GPS自动定位功能，帮你找到身边的星巴克门店；绑定星享俱乐部，让会员随时查询星星和好礼信息。另一重要特征是记录你的咖啡心情，可同步到微博等社交网站，和亲友分享点滴乐趣。

五、咖啡屋：一个有情调并言情的后花园

因为“情调”，所以爱上咖啡屋阅读。诗人秦松每每耽溺于台北温罗汀的咖啡屋，他回忆：“咖啡的味道如何？我已不记得，反正是醉翁之意不在酒。咖啡屋的情调颇有味道，诗情画意、色泽温暖，

读书或是发呆，我不愿离去。”①

17世纪，咖啡屋基本上是男性的活动空间，妇女很少进入其中。性别的不平等在咖啡屋内体现得尤其明显。咖啡屋内并非完全没有女性，上层社会妇女偶尔也会伴随夫君出席少量礼仪性质的聚会，但不会经常参与咖啡屋的言谈和讨论。咖啡屋也不乏女店主和女仆，但她们只是商业性质的经营者和劳动者，谈不上是这类公共领域的参与者。但随后，女性逐步介入，并成为主体之一。于是，咖啡屋作为谈情说爱的功能被拓展出来。

我们知道，爱情是一种幻想，为了追求人的完美性，它或许只是一种必不可少的幻想。对追求爱情的人们来说，爱情无疑是一种最动人的幻想刺激剂。在爱情中，他们发现了自己的映像，发现了自己所追求的美的理想世界。英国哲学家罗素说：“对爱情的渴望，对知识的追求，对人类苦难不能遏制的同情心，这三种单纯但又无比强烈的激情支配着我的一生。”②那么，咖啡屋或许是一个实现爱情的最佳空间。在中国传统的爱情故事中，爱情都发生在后花园，而咖啡屋就是现代的后花园。

我们知道，后花园，虽也是花园，但和花园不同。花园是豪宅别墅内的公共空间，用来招待宾客亲朋的。多一个“后”字明显不同，私密意味陡增。所以，后花园是一个神奇的所在，一方面它连接着宅内的公共空间，例如通常意义上的花园；另一方面又曲径通幽，通向小姐们神秘的闺阁，可以说是个过渡性空间。又如现代哲学家们经常提到的空间的训诫能力——公共空间具有对人言行的约束力，礼仪、公德也由此产生。闺阁是对古代闺秀的牢固束缚，那处于这二者间的后花园就是名副其实的灰色地带了。咖啡屋，在某

① 吴美枝．台北咖啡馆人文光影纪事[M].台北：台湾古籍出版有限公司，2007：20.

② 罗素．罗素自传［M］.北京：商务印书馆，2003.

种意义下就是当代的后花园。

先生们在亭榭楼台间闲逛，越走越深，很可能就闯入后花园与某女邂逅了，钟情了，而通过后花园这个中介，小姐们寂寞的内心充满了对外界的想象，也充满期待。《牡丹亭》中，杜丽娘整日被困在闺阁，百无聊赖之际，由丫鬟春香领着去后花园赏春，结果这一溜达就出了问题，春情引发了情感的穿越，梦见翩翩少年书生柳梦梅。《西厢记》中，张生看到崔莺莺每晚到后花园中烧香、弹琴，就准备翻墙过去骚扰，返回来想，崔莺莺弹琴时若是毫无怀春之意，又怎能勾来有情人趴在墙上偷窥？

情人约会地点的确具有时代性，当初只能在后花园偷偷摸摸地见面，现在一跃变成任何你能想象的公共场所内的亲密，或许咖啡屋就是最好的地方之一。同是约会，但这二者间实在又有霄壤之别，不仅仅是时代这个因素在制约，还有空间对人的行为、思想的塑造。

去咖啡屋约会有什么含义？咖啡代表爱，走过这间咖啡屋，代表对爱情的想象和向往，根据对咖啡屋有经验的人士测算，在星巴克约会后，女性朋友特别是女性网友，约会有亲密行为的概率是百分之九十，而在其他地方约会后有亲密行为的概率差不多是百分之二十。

同属第三空间的酒吧、公共图书馆与咖啡屋有相同点，也有不同点。以前，咖啡屋一般只针对于大城市中的小资人群，只有他们有能力消费。慢慢地，咖啡屋现在已经成为了一种高尚、时尚的象征。然而，现在的高校大学生逐渐引领了时代的潮流，他们也在时代的潮流中占据了一个重要的地位。特别是随着人民生活水平的大幅提升，大学生从以前低水平地关注吃穿，成为追求时尚、注重品牌的引领者。咖啡屋相比其他休闲吧，例如奶茶店、网吧等具有较高的时尚形象，非常符合现在大学生的价值观。在咖啡屋里面不单单只是为了喝咖啡，最主要的是一种精神上的休闲；是对教室教授枯燥而干巴的讲授导致心情压抑的反抗，是对应试教育挂科的郁闷的逃避。到咖啡屋去可以感受到平等与自由的交流，感受到地位的提升，人格的尊重，内心的满足。所以，大学生愿意到咖啡屋去，在那里获得渴望得到的精神享受与心灵交流。可以说，没有咖啡屋的大学不是真正意义的大学。

第二章

咖啡屋：创业的孵化器

咖啡屋的历史更多的是文化史而不是商业史，但咖啡屋移植到美国后，最大特征或许就是具有了明显的商业特征——成为美国商业领域的创新平台。美国商人们把咖啡屋作为会议室，这促进了美国新公司和新的商业模式的兴起。美国的咖啡屋除了能在知识创造方面进行相互交流外，还进一步拓展了咖啡屋的功能——在资金获取方面获得有力支持，并把创业与风投结合起来。深入分析美国国民心理，正如美国一位心理学家所指出的那样，美国是一个“T型国家”（所谓“T”即“Thrill Seekers”）。就是说，美国人是伟大的生命实验者，他们从不囿于陈规陋习。在美国人眼中，人生即是行动，即使失败了也胜过平庸的安宁。美国人不以成败论英雄，在他们心中，冒险后即使失败了也是一种荣耀。正因如此，惠普、苹果、微软、甲骨文、雅虎、思科、亚马逊、谷歌、脸谱等公司横空出世，创造了绵绵不断的商业奇迹，创造了一个接一个的财富神话。美国硅谷的神话在全球传播，从中国的中关村，到印度的班加罗尔，以及中国台湾的新竹，爱尔兰的硅沼（Bog）、苏格兰的硅峡（Glen）、英格兰的硅泽（Fen）、越南的硅滩（Beach）、以色列的硅壑（Wadi）都在学习、模仿、复制硅谷，同时探究创业问题。创业已然成为一个全球议题，并成为经济增长的一个重要源泉，成为个人成就事业、出人头地、创造财富、实现自我的主要的，乃至是唯一的途径。

虽然中国经济规模超过日本，仅落在美国之后，世界排名第二，但深入研究中国经济的快速发展与新常态，我们依然可以发现背后存在的诸多隐患，不是人口众多的包袱，不是环境恶化的窘境，而是企业家创新精神的缺失。因此，我们必须如同 30 多年前一样，虚心向世界创业最好的国家学习，特别要把目光投向美国的硅谷，这个不断创造新技术、新企业、新财富、新商业模式与新神话的地方。从本质上看，咖啡屋是缩小版的硅谷，硅谷是放大版的咖啡屋。硅谷的核心是车库、信息英雄加风险投资的完美组合。

一、中国最为稀缺的资源是企业家的创业精神

创业在中国这片土地，在移动互联网加工业 4.0 时代的成长与发展是远远不够的，大学生创业就更不够了。在中国，创业常常是一个口号式的词汇，一番标志性的事业，甚至是一项国家战略，往往是说得好，说得频繁，但做得不是很好。美国每年诞生 1100 万到 1900 万家企业，大多数是大学生（包括毕业或肄业生）创办的企业，比如微软的比尔·盖茨，雅虎的杨致远，苹果的乔布斯，谷歌的布林与佩奇，脸谱的马克·扎克伯格等。

显然，一个企业的强盛其实与政府的参与不是很相关，但却与发现新的技术、创造新的业态、探索新的商业模式息息相关。如果你每天看国家的中央台的天气预报，就会发现一个很有趣的现象：凡是发达的城市，比如长三角、珠三角城市的天气预报都是与企业广告联系在一起的；而不发达的城市，比如部分中西部城市，天气预报的广告词大多是与政府的抱负或豪言壮语、政府大楼以及这个城市的旅游景点相关。所以说，衡量一个国家、一个城市发展的核心就是创新的企业，一个开创新业态、新技术、新商业模式的企业，而不是国有企业。

一个发达国家和一个落后国家的本质区别是什么？不是资源，

不是科技，而是这个国家、这个城市年轻一代的创新精神。比如说日本，没有什么资源，可就是领先中国，虽然我们非常痛恨这个民族对中国的侵略，但是民族感情不能代替一种理性的思考，日本很多方面都比我们做得好，特别是具有众多的产品创新、技术创新、管理创新的私营企业。认真研究日本明治维新以来的历史，就会发现明治维新后，日本也创办了许多国有企业（如三菱重工），后来发现这些国有企业缺乏创新、效率低下、亏损严重、腐败丛生。于是，日本政府做了一件非常了不起的事，就是把创办的国有企业卖给、甚至送给民间办，并不允许政府再办国有企业。实际上，日本经济崛起走的是一个发展民间办企业的道路。而我们的洋务运动，虽然早于日本的明治维新，也办了很多企业，但办的都是国有企业。虽然国企腐败丛生、效率低下、亏损严重，但政府依然要办，结果就是甲午战争的失败。不少学者从政治制度、文化基因与军事方面探寻甲午战争失败的原因，如果从经济制度视角探究甲午战争失败的原因，就是日本的私人企业打败了清政府的国有企业。

以上是从横向的国家的创业进行比较，主要是中日之间就甲午战争时期的创业进行比较。我们还可以从纵向进行比较，看创业的重要意义。

吴晓波先生在 2015 年 5 月 27 日的明道大会上发表了题为“把世界交给 80 后”的主题演讲。他指出：整个世界的基本盘在发生大的变化，过去 20 多年里，中国的商业世界是由 1962—1975 年这批人所决定的。现在，当 80 后人群成为消费、流通、创业的主体时，原来的商业模式将会被颠覆，80 后将成为创业的主力。

他引用了淘宝研究院的一个数据。淘宝网上的中小企业主（卖家）大概是 600–800 万之间，这波人当中 85% 以上是 80 后。中国现在个体工商户有 3600 万，每年创业的企业大概在 2500 万以下，年营业额在500万以下的微小企业，100%是80后的企业，所以80后成为了创业最主要的人群。那么谁在消费？绝大多数都是80后，所以80后不但成为创业的主力，同时也成了消费的主力。

此外，吴晓波还指出，过去20多年里，中国的商业世界，老百姓的消费模型、创业模型、消费模型、甚至思维方式都是由1962—1975年这批人所决定的。因为我们创造了这个世界，这个世界就是由我们的价值观所构成的。但是当消费、流通、创业的人群不同的时候，原来的商业模式都会颠覆掉。

吴晓波先生的“把世界交给80后”主旨报告说的就是一个意思：80后的使命是创业。没有创业精神的80后，21世纪是不属于他们的。

二、硅谷创业文化：咖啡屋＋信息英雄

世界从不缺满怀激情的创业者，然而，无论创业者多么有活力、有智慧，多数地方的大部分创业者还是会以失败告终，在很多地方创业依然艰难。我们经常说乔布斯在车库创业，布林与佩奇在车库创业，中国也有许多车库，但为什么不出苹果、谷歌这些伟大的企业？这不是车库的问题，是创业环境的问题。以创办企业审批时间来看，加拿大2天、澳大利亚3天、美国4天、德国7天、中国7天；从公司注册的时间看，加拿大2天、美国7天、中国是111天。虽然这是8年前的数据，现在似乎好多了，大约25天左右，当然实际要长一些。创办企业的创业者有时会遇到这样的情况：看到有挣钱机会的项目时，政府批文没下来，等批文下来的时候，挣钱的机会又丧失了。再从注册资金方面看，在中国注册股份有限公司要1000万元，美国不要钱你怎么注册都可以，这说明中国创业环境依

然不好。

吴敬琏老师曾推荐过一本鲍莫尔等著的《好的资本主义坏的资本主义》，作者在书中谈到社会控制资源有四种方式：政府主导、大企业主导、寡头主导、企业家主导。他提倡只有企业家主导才是好的资源配置。[①]有一种说法认为，中国的科学技术很不错，就是转化为生产力差，因为中国最为短缺的不是资源、不是资金、不是官员，而是企业家精神。美国有一个诗人写道：诗人把自己的生命献给诗歌，女人把自己的生命献给爱情，美国人把自己的生命献给企业，美国人的事业就是企业。我们最为短缺的是我们企业家的精神，一种创新的精神。吉恩·兰德勒姆指出创意、创新、创业人才的基本特征是：高度的自觉性和独立性，不肯雷同；有旺盛的求知欲望，好读书，但不刻意追求学位；有强烈的好奇心，知识面宽，善于观察、有丰富的想象力，敏锐的直觉并富有幽默感；意志品质出众，能排除外界干扰、坚持不懈。[②]而我们的大学在应试教育模式下是很难培养出具有这种素质与品格的创新型人才的。

硅谷的科技人，有技术、有学问、充满干劲，受到硅谷创业文化的影响，全身上下充满令人注目的活力，他们敢于梦想，说到自己的创业计划时，眼睛闪烁着炯炯的光芒。在硅谷，创业再寻常不过。硅谷人不会因为你在创业而对你产生深刻的印象，但却会关注你。在硅谷待过一段时间就会明白，无论你多么缺乏创业经验，创业想法有多愚蠢，硅谷人都不会质疑你，因为他们看多了曾经缺乏经验的创业者，若干年后成为亿万富翁的传奇经历或创业神话。

硅谷还具有一种包容的文化。李钟文等主编的《硅谷优势——

① 鲍莫尔等．好的资本主义坏的资本主义［M］．刘卫等，译．北京：中信出版社，2008.

② 吉恩·兰德勒姆．改变世界的13位男性［M］．成都：四川人民出版社，1996.

创新与创业精神的栖息地》不是一本普通的关于硅谷的书，而是一本关于硅谷创业环境的书。首先，该书的编者和其中 19 篇文章的作者都是硅谷的内部人——他们长期在硅谷生活与工作。因此，他们对硅谷有着亲身的感受，他们是硅谷腾飞的见证者。更有意义的是，该书的作者们一半是在硅谷的实践者——他们中有创业者、风险投资家、管理顾问、律师、会计师等专业人员，而另一半则是在硅谷从事教学和研究的学者——大多数是斯坦福大学的教授，其领域从工程到商业管理，从社会学到法律。这些使该书独具特色，它既包含了实际创业者们丰富、真实的故事，同时也具有学者们高度的理论概括。①

李钟文在书中对硅谷创业文化总结为九大特征：一是有个良好的游戏规则，包括法律、法规、体制和管理；二是要知识密集与新的创意能够得到广泛交流。这种沟通没有对错、没有胜负、没有高低，就是碰撞。美国不是美国人的美国，美国是世界人的美国，全世界最优秀的人都到美国来创业；三是流动的高质量劳动力，硅谷无疑是吸引人才的磁石；四是以结果为导向的精英体制。在硅谷，才华与能力主宰一切，种族、年龄、资历与经验等并不能决定机会和职位；五是硅谷鼓励冒险，容忍失败；六是具有开放的商业环境；七是大学、研究机构与产业界的互动；第八、第九是高质量的生活与专业的商业服务机构。可见，这里为孵化好点子、好创意创造了良好的环境。在硅谷，人们到处都在交流自己的新点子，在咖啡馆、在运动场、在互联网等各种场合，不管资历高低、年龄长幼或肤色黑白，只要你有标新立异的新思想，你就会获得尊重。②

① 李钟文等 . 硅谷优势——创新与创业精神的栖息地 [M]. 北京：人民出版社，2002：8–15.

② 佘凌 . 美国硅谷：创业环境和园区文化 [M]. 江南论坛，2010（08）.

苹果、惠普、谷歌等企业的初创阶段均是在低成本的车库创立起来的。如今，旧金山的咖啡馆也已成为新一代互联网创业者的聚集地。美国的技术狂人们开始去咖啡馆里过滤他们的思想、寻找点子、发散妙计。把咖啡桌变成办公桌，一台无线上网的笔记本，一部手机，一杯咖啡，就构成了他们的办公场地。斯坦福大学附近如CoupaCafe 和 University Coffee 这样的咖啡屋现今已经成为世界各国创业者和投资者们流连忘返的地方。

在美国硅谷的创业史上，车库和咖啡馆都是酝酿神奇的地方。20 世纪 30 年代，比尔·休利特和戴维·帕卡德在加州的一间车库里创立了惠普；20 世纪 70 年代，乔布斯在车库里创建了苹果，比尔·盖茨在车库里创建了微软；20 世纪末，布林与佩奇也在车库创造了伟大的谷歌；同样美籍华人陈士骏也在车库里创办了世界最大的视频分享网站 YouTube。现在，这个爱迪生大街 367 号的车库早就成为硅谷著名的观光胜地，谷歌当时创业的车库也被谷歌以超过百万美元的价钱买下。

30 年前，或许美国硅谷就是“车库＋博士”，现在则是“咖啡屋＋人才”，这无疑体现了自由交谈空间对创业的重要性。如今，中国的中关村也出现了像车库、3W、贝塔一类的咖啡屋。可以说，硅谷是最大的咖啡屋，咖啡屋是缩小版的硅谷。因为，在创业咖啡屋可以打造创业投资社交圈。在创业咖啡屋里，一个好想法，一个靠谱的人，几个天使投资人，于是有了给初期创业者提供一个免费的办公环境的小投资创业项目。车库咖啡屋之所以叫作“车库”，是因为车库咖啡创始人认识到车库＋咖啡就等于创业。

现在，那些创业咖啡屋的主人大多是曾在硅谷工作过的著名人士，他们希望自己曾经常去的咖啡屋里有一张专属于自己的座位——它可以被当作名人故居、明星手印般受到人们的瞻仰。后来，他们中有些人干脆买下了整个咖啡屋。

三、咖啡屋：创业的孵化器

工业文明与信息文明的载体是城市，城市是可以实现梦想、创造奇迹的地方。北京作为中国的首都成为众多 80 后、90 后眼中创业的天堂，也成就了很多科技企业的发展。然而，单说城市又过于宏大，毕竟城市是由企业、大学、图书馆、咖啡屋等功能组织构成的。在中关村的车库、3W、贝塔等咖啡屋或许正是北京中关村创业生态的缩影。创业咖啡屋与传统咖啡屋最不同的地方就是科技与资金的整合。柳传志曾说，中关村的车库咖啡不是普通的咖啡厅，它联结着资本与科技，是创业的孵化器。咖啡屋已成为当下中国存在的一种创业生态系统。同样，创业者也不单单着眼于创业本身，更看重它背后所蕴藏的国人的精神特质——坚韧、勤奋，相信天道酬勤。他们身上的使命感让他们以另一种方式诠释着中国梦。①

北京市中关村管委会主任郭洪则认为，车库咖啡屋源源不断地聚集怀揣梦想的创业者和众多天使投资人，是中关村创业孵化平台的一个典型代表，是海内外创业者追逐梦想的精神家园。著名的天使投资人蔡文胜指出，用户是创业的基础，车库咖啡屋懂得创业者，所以车库咖啡成为了中国创业者最聚集的地方，它为创业者创造着适宜的生态环境。②

以车库、3W、贝塔为代表的创业咖啡屋本质上是一个创业的孵化器。孵化器主要指的是企业孵化器（Business incubator 或

① 柳传志为《车库咖啡：“中国硅谷”的创业梦》写的推荐词。

② 郭洪为《车库咖啡：“中国硅谷”的创业梦》写的推荐词。

Innovation Center），是一种新型的社会经济组织。通过提供研发、生产、经营场地、通信、网络与办公等方面的共享设施，以及系统的培训、政策咨询、融资、法律和市场推广等方面的服务，降低创业企业的创业风险和创业成本及创业门槛，提高企业的成活率和成功率，加快企业的创业速度，活跃行业内的创新氛围。它主要是为一些有潜力的项目提供技术、资金、管理方面的支持，待项目做大后脱离该企业自由发展。而提供这些支持的企业，类似于将一个一个的公司孵化出来，所以称为企业孵化器。

一个成功的孵化器离不开五大要素：共享空间、共享服务、孵化企业、孵化器管理人员和扶植企业的优惠政策。企业孵化器为创业者提供良好的创业环境和条件，帮助创业者把发明和成果尽快形成商品进入市场，提供综合服务，帮助新兴的小微企业迅速长大形成规模，为社会培养成功的企业和企业家。现在的创业咖啡屋正好具有这五大要素，特别是中关村管委会支持的车库、3W、贝塔等咖啡屋，它们都被政府直接授予孵化器功能。车库、3W、贝塔等咖啡屋，是以创业为主体的咖啡屋，正成为无数创业者心中的圣地，通过这一平台，成功地将普通创业者与投资人链接，也成功地将科技与资本的力量链接。在创业咖啡这一平台上，这些创业者有梦想、有激情、有对成功的渴望；他们聚集在这里，或者寻找创业灵感，或者整合创业资源，或者寻找合作者，或者寻找资本，但总有一个核心关键词——创业。他们期待通过自己的努力，去改变生活。正如世纪佳缘 CEO 龚海燕刚出版不久的《车库咖啡："中国硅谷"的创业梦》的推荐词所说，车库咖啡充满了年轻创业者四射的激情与梦想。①

需要注意的是，在世界各国试图依照所谓的"硅谷模式"进行

① 苏药、王海珍 . 车库咖啡："中国硅谷"的创业梦 [M]. 北京：人民出版社，2013.

移植或再造硅谷的浪潮中，却很少有成功者。其原因主要在于，这些后来的模仿者都没有能够形成一种创业文化，而这却是硅谷成功的关键因素。硅谷的创业文化对这一地区风起云涌的创新活动的推动无疑是巨大的，但它本身并没有形成一种系统的理论，它是通过硅谷地区非正式化组织体现出来的。

什么是非正式组织？百度百科对其的释义是：非正式组织是“正式组织”的对称。最早由美国管理学家梅奥通过“霍桑实验”提出，是人们在共同的工作过程中自然形成的以感情、喜好等情绪为基础的松散的、没有正式规定的群体。人们在正式组织所安排的共同工作和在相互接触中，必然会以感情、性格、爱好相投为基础形成若干人群，这些群体不受正式组织的行政部门和管理层次等的限制，也没有明确规定的正式结构，但在其内部也会形成一些特定的关系结构，自然涌现出自己的“头头”，形成一些不成文的行为准则和规范。

可见，咖啡屋的创业者就是非正式组织的要素，创业咖啡屋就是一个典型的非正式组织。硅谷有一家名为“马车轮”的咖啡屋，工程师们经常在那里相互交换意见，传播信息，由此被喻为“半导体工业的源泉”，人们也由此逐渐从这样的社会关系中发现极具商业价值的信息。20世纪70年代中期，硅谷地区计算机爱好者的非正式组织经常在一家俱乐部聚会，年轻的电子工程师与计算机爱好者定期会面，交流这一领域的信息并讨论其发展。成员之中有后来苹果电脑的发明人史蒂夫·伍兹尼克、微软创始人比尔·盖茨和其他著名人物，他们后来成立了20多家电脑公司，其中就包括苹果、微软、康门克和北极星等著名企业。

3W咖啡屋也是一个孵化器。许单单曾这样描述：我们整个目标，即希望比较优质的人在这里办公，我们入住的团队有全是哈佛的，或全是从牛津剑桥回来的，或都是从阿里支付宝出来的。我们的定位是为有过几年工作经验且有较高创业成功率的人提供帮助。同时，也为一些公司或者行业里面有比较丰富经验的人提供帮助。我们租来一个座位费给人家，其实是亏钱的，但我们还是提供非常多的服务，包括印名片、政策的服务，还有政府小的扶持基金、请法律顾问等，我们还有无数的股东和老师。我们中午有员工餐，大家可以在这吃饭、聊天，可以干特别多的事情。当然，我们还有一个小的基金用于投资一些创业项目。①

四、咖啡屋孵化器：创业时代的发动机

硅谷基本的创业模式是：创业资本家抱着资金到硅谷，渴望找到好点子、好发明；发明家凭自己的脑力和知识，以智慧转换成股份投资，成为公司股东。硅谷创业故事的典型过程是：一个优秀的工程师发明了一项专利，想自己创业，先在亲朋好友间寻找资金，成立一家新公司。公司进一步发展需要更多资金，此时创业资本家看好该公司的前景，引入资金，成为股东，苦战两年，股票终于顺利 IPO（首次公开发行）。股票面值从最早的 0.2 美元，到创业资本家介入时的 1.2 美元，到 IPO 时可能变成 8 美元。历时 3 年，股东和创业者都得到投资回报。这时，负责公司经营的工程师创业人会觉得，继续经营下去自己对大公司的管理没有把握，于是趁公司股票还在上升时，把公司卖给一家看上公司这项独特技术的大企业，成为大企业的一个部门或一个子公司。工程师创办人或许会离开这

① 许单单：真正的 3W 咖啡，和外界理解很不一样［N］. 新浪专栏 . 创事纪，2013－07-30.

家公司，寻找另一个创业和 IPO 的机会。

2011 年 9 月 27 日，美国《华盛顿邮报》的记者造访“车库咖啡”后，回去写了《美国人应该真正害怕中国什么》一文。该文认为，中国最值得美国人害怕的事情，是中国人发现了美国的秘密——科技和资本的结合。正是这个秘密，在过去几十年，使美国高科技产业得以独步天下。文章还提到，中国真正的优势在于他的下一代，他们从中国的顶尖学府毕业，正走出校门，走向市场，开始创业，他们已经成为或者即将成为企业家。这位西方记者敏锐地观察到，在今天的中国社会，很多草根创业者，将成为推动中国经济转型的重要力量。

车库、3W、贝塔等咖啡屋承载着链接资本与科技的使命，是创业者的孵化器，是科技创新与经济发展新的结合点，是培养创新创业人才的基地。这里每天都有关于选择、合作、自由、责任、创新、使命、勇气、信念、坚持，以及关于梦想的思考与行动。在这里，新的创新型企业、新的技术生根发芽；在这里，怀揣资本的天使投资人会发现“金矿”；在这里，诠释着资本市场改革发展的一个方向；在这里，孕育着生机勃勃的新的希望。

风险投资与高科技的结合是一种崭新的游戏规则，科技创业的过程，有高度的风险，投入越早，风险越高，但获利也越丰厚。高科技公司的经营管理需要独特的科技、充足的资金和经营管理的能力，三者缺一不可，这就是创业投资的 3M（Man，Money，Management）规则。许多硅谷的创业家，有发展产品的能力，他们找到风险资本家得到所需的资金，同时许多传统企业渴望投入高科技产业的行列，却苦于科技掌握能力不足，因此有越来越多的财团成立创投公司，以提供资金的方式介入高科技产业。但仅是科技和资金的结合，并不足以经营高科技产业。因此创业投资公司除了投

入资金外，更向那些技术出身的创业家提供企业经营的协助和辅导，推动企业的发展。

3W 投资人在咖啡馆里的投资对接平台一般是这样呈现的：每个周四的下午，在 3W 咖啡屋二楼一角的帷帐里面，天使投资人与创业者之间边喝咖啡，边开展关于项目、投资的私密交流。对于大量汇集到中关村的草根创业者来说，创业团队初期最需要的是资金。而 3W 咖啡屋就是通过这个活动，搭建出了一个投资对接的平台，帮助他们解决创业初期的资金问题。天使如何邂逅创业咖啡？宁波高新区创业中心阮明说，开发区这家咖啡馆已举办各类资本相亲会、行业研讨、企业培训和创业沙龙等几十场活动，每月的第三个周六会定期开展资本和项目对接活动，为众多创业者提供展示自我的机会。

据经济之声报道，一家濒临倒闭的咖啡馆为生存转型，无意间却成为估值过亿的招聘网站。招聘网站拉勾网日前宣布，获得启明创投等共计 2500 万美元 B 轮融资。“背靠主题咖啡店、专注于互联网人才招聘、按求职者薪酬比例抽取佣金”，这种专注于“行业圈子”的招聘模式，在传统招聘面临瓶颈之时，逐渐受到资本和求职者青睐。

讲创业不能不谈 Y Combinator。至 2014 年 1 月，Y Combinator 共孵化 564 家创业公司，总估值达 144 亿美元，总融资 20 亿美元。自 2005 年成立以来，Y Combinator 总计孵化的项目估值或售价超过 4000 万美元的创业项目达到 45 个，平均每年超过 4 个。在互联网创业成本日益降低、融资却越来越难的今天，硅谷的 Y Combinator 却成为全世界创业者和投资人趋之若鹜的圣地。①

如果你是关心互联网业发展或本身就是圈内人，那么，YC 的

① 兰德尔·斯特罗斯 .YC 创业营——硅谷顶级创业孵化器如何改变世界 [M]. 苏健，译 . 杭州：浙江人民出版社，2014.

创办者保罗·格雷厄姆 (Paul Graham) 的大名想来早就如雷贯耳。保罗·格雷厄姆，哈佛大学计算机博士，生于美国匹兹堡郊区的中产阶级家庭，自幼就表现出在编程方面的天赋。1995 年，赶上网景上市，身处互联网第一波浪潮头的他想到开发一个搭建网店的软件，通过搭平台、办网站，最终被雅虎以 4900 万美元收购，赚得了人生第一桶金。但他不甘心在别人麾下替人打工，用他的话来说，"运营创业公司，每天都像在战斗；而为大公司工作，就像在窒息中挣扎。"①

当然，我们不能忽视创业咖啡屋存在的一些问题。中国著名品牌策划专家贺雄飞先生亲自体验了以创业为主打的北京三家咖啡屋，但其体验结果并不尽如人意。他在自己所撰的《北京三家创业者咖啡厅之不同体验（车库、必帮、3W）》一文指出，这三家以创业为主打的咖啡屋和我们的想象相差甚远。同时，他也尖锐地指出，如果咖啡屋只是玩概念，多会乘兴而来，扫兴而去。光玩概念没有实质性的服务，咖啡屋最终一定会先死掉。作者也遵循眼见为实的原则，也到车库咖啡、3W 咖啡、雕刻时光、贝塔等咖啡屋实地了一番考察调研，发现贺雄飞先生的观察也是事实。依据自我的观察，3W 咖啡屋下午依然是人头攒动。

21 世纪天使资本市场总监杨玉明也认为，创业咖啡屋可以满足交流的需要，但要真看项目，其靠谱的项目只有 1%。如此低的门槛，什么人都能来，必会影响创业咖啡屋长期、有效、可持续的发展。

用狄更斯的话来说，这是一个最好的时代，也是一个最坏的时代。说最好的时代，是政府提出"大众创业、万众创新"的号召，2015 年，国务院总理李克强专门主持召开了国务院常务会议，指出

---

① 兰德尔·斯特罗斯 .YC 创业营——硅谷顶级创业孵化器如何改变世界 [M]. 苏健，译 . 杭州：浙江人民出版社，2014.

要顺应网络时代推动大众创业、万众创新的形势，构建面向人人的“众创空间”等创业服务平台，打造经济发展新的“发动机”；国务院、教育部也纷纷出台相关文件鼓励年轻人创业、鼓励大学生创业，包括休学创业。这比一百多年前的洋务运动时期创业条件好很多；也比民国时期创业的条件好多了，那时军阀混战、民不聊生、日本对中国虎视眈眈；这与计划经济时期也不可同日而语，因为那个时代是不允许创业的，要狠批私字一闪念；就是比改革开放之初的摸着石头过河也要好得多，那个时期，石头摸错了就进监狱了；可以肯定地说，这是一个最好的时代，是创业的最佳时机。

要认识这是一个最好的时代，就要顺势而为，借助孵化器这个新的发动机帮助自己创业，使得这个时代成为最好的时代。为此，创业者需要了解孵化器及孵化器的各种形式。

目前，国内市场上，创新型孵化器形成了平台型企业孵化器、创业咖啡、创业媒体、创业社区等孵化形态，共同构成市场化、专业化、集成化、网络化的“众创空间”。创新型孵化器也呈现出“新服务、新生态、新潮流、新概念、新模式、新文化”的六新特征，不仅为创业者提供创业活动的聚集交流空间，也能按需提供个性化的创业增值服务。咖啡屋就是众创空间的形式之一，就是新型的孵化器。

孵化器，原意是指人工孵化禽蛋的设备，引申至经济领域，就是在企业创办初期或者企业遇到瓶颈时，提供资金、管理、资源、策划等支持，从而帮助企业做大或转型。在国外，商业孵化器已经有比较长的历史，孵化模式成熟，获得了众多创业者的垂青。包括前面我们介绍的大名鼎鼎的 YC 创业训练营。著名的 Dropbox、Airbnb、Heroku 等公司便是 Y Combinatory 孵化器的杰作。YC 孵化器平均每分钟就会收到一封创业者加入孵化器的申请。Y

Combinatory 孵化器孵化出的企业的总价值已经超过 80 亿美元，平均每家公司的价值超过 4500 万美元。可以说孵化器在帮助创业公司获得融资方面发挥着越来越重要的作用。而另一方面，孵化器更像是一所新的学校。这里，创业者可以获得创业导师、投资人、各领域专家的亲身指导，降低创业的风险。在很多创始人眼中，商业孵化器已经取代了 MBA，成为了获取商业资源的首选。

国内的创业孵化器概括起来可以分为两类：一类是托管型孵化器，主要面向初次创业者或高科技及互联网创业者。其提供的典型服务一般包括：免费或付费的办公场地、定期的创业培训、项目毕业路演培训、投资人对接等。托管型孵化器为创业者提供了企业生存的基础设施，使创业者可以全身心投入到产品的设计和研发中。例如，目前很多大学为支持大学生创业，都建立了创业园。园区以极低的价格将工位租给大学生创业者。这是典型的有政府支持的托管型孵化器。另外一种是民间的商业孵化器，例如，李开复先生创办的创新工场、联想之星孵化基地、微软创投加速器等，都是一种托管型孵化器，不过是商业性质的。托管型孵化器主要是为有想法的年轻人提供良好的创业平台，进入之后借助平台的资源，创始企业可以快速度过婴儿期，有机会获得投资发展壮大。

第二类孵化器是策划型孵化器。策划型孵化器一般依托于大型的咨询策划公司，面向人群为有一定经济基础的多次创业者或者传统中小微企业家。入驻策划型孵化器的企业分为两类。一类是企业初创阶段找不到合适的商业模式而需要进行资源对接的企业。另一类是企业由于社会、经济环境的变化而遇到瓶颈需要转型的企业。这些企业家往往“身怀绝技”，在某一领域内拥有一定的人脉、技术等资源，但是由于行业的局限或者未能及时顺应时代的潮流而陷入困境。

策划型孵化器依据其多年的企业服务经验，为企业提供一对一的咨询服务，通过自有基金直接投资或者对接外部投资机构投资，同时，策划型孵化器以企业联盟的形式搭建企业资源平台，共享孵化器的资本、咨询和人脉等资源。由于策划型孵化器对管理团队的业务素质要求较高，因此国内的策划型孵化器数量不多，但是孵化的项目质量高，具有较高的投资价值。

目前国内比较有名气的策划型孵化器有析易国际（蜥蜴团队）旗下的88孵化器，和君咨询旗下的和君商学院。孵化出的企业包括佬香翁、赢鼎教育等，在业内均享有比较高的知名度。

五、咖啡屋孵化器的基本特征

孵化器有多种模式，而咖啡屋作为一种开放空间型的孵化器模式，它有如下一些特征：

其特征之一是一种办公空间类孵化器的孵化模式。是在孵化器1.0的基础上进行了全面的包装和完善，更注重服务质量和品牌效应，致力于打造创业生态圈。该模式的孵化器为创业者提供基础的办公空间，并以工位计算收取低廉的租金，同时提供共享办公设备及空间。孵化器会定期邀请创业导师来举办沙龙或讲座为创业者答疑解惑，指点迷津。在资金支持方面，该类孵化器虽不提供创业投资基金，但与各个创投机构保持着非常密切的联系，有的甚至邀请创投机构长期驻场，以便节省创业者的时间，提高融资效率。当下为了打造独具特色的孵化器品牌，该类孵化器正积极营造创业生态圈，为创业者提供一个积极交流的氛围，例如，在某一创业项目落地时，共同办公的创业者们互相成为了第一批用户，给予帮助和意见，实现快速试错。为了避免同行恶性竞争，该类孵化器也会有意避免将类似的创业项目安排在同一办公空间下。当前如车库咖啡、3W 咖啡、科技寺等都已成功孵化了大批的创业项目。

其特征之二是互联网人才、草根创业模式。创业咖啡屋的创始人大都是互联网从业者。比如，车库咖啡创始人苏药之前在一家上市公司工作了 5 年；3W 的创始人许单单曾是华夏基金互联网分析师。可以说创业咖啡屋从诞生之日起，就汇聚了很多互联网行业资源。办公空间类孵化器相对于其他几类孵化器创立门槛较低，无须先进的科技或产业基础抑或配备创业基金。这里创业者可以以工位注册企业地址。在这里创业者可能会遇到不同的人，得到不同的资源，学到不一样的知识，而且都是免费、开放的。行业活动几乎是所有创业咖啡屋的标配。想来听课或参会的人，只要注册报名，一般就能获得免费资格。例如北京的 3W 自开业以来已经举办了 300 多场活动，平均每周都有三四场活动，而且请来的人物都是创投界知名投资人和知名创业公司创始人。这些活动有一半是 3W 组织策划，还有一半是与合作伙伴共同操办。具体合作模式一般是收取场租费，如果对方有很好的讲师资源，也可免费提供场地。

其特征之三是孵化特色是空间、人才、资金，三合一孵化。比如，3W 咖啡屋自创始至今已经发展出了一套完整的创业生态链，主要由三部分构成：3W 咖啡、拉勾网和孵化器 NextBig。凭借创始人在互联网圈常年积累下的经验与人脉，一家互联网圈子垂直的招聘网站拉勾网在上线一个月时简历投递量达到了一万次而且获得了数百万的天使投资。借助拉勾网这个互联网垂直招聘平台，3W 每天都在为创业者以极快的速度解决着互联网企业找人难的问题。从 2013 年 7 月上线到现在，连续三轮、总计 3400 多万美元的融资额不仅让拉勾网在众多求职网站中脱颖而出，还将整个 3W 创业孵化

生态链实现了逆转，在服务创业者的同时，也成长为颇有竞争力的新锐公司。3W 旗下的孵化器 NextBig 则专注于为创业者提供创业空间和一系列解决方案、专业的办公区域、一个 1500 万元的创业基金、寻找创业导师以及一些琐碎的行政支持等。3W 孵化器并不像一般的科技孵化器，会主动寻找项目和投资人，也不会募集投资基金，但是会最大限度地利用自己的资源，例如股东团队和拉勾网为创业者提供帮助。至今已经有超过 20 家创业公司毕业，总共获得了 2 亿元的投资。

其特征之四是明星投资人股东增强孵化能力。在 3W 背后有一支庞大的股东队伍，160 多名重量级企业家和投资人成为了 3W 中创业者的导师和天使。成为 3W 的股东有一道门槛，就是必须是获得过 300 万美金以上融资的创业者或者是成功的股权投资者。这两类人最了解创业者的需求和初创企业发展路径。最能够为创业者带来精彩的演讲、沙龙以及辅导。其中就包括红杉中国创始人沈南鹏、真格基金创始人徐小平、清科创投副总裁、同创伟业创始人郑伟鹤、大众点评 CEO、迅雷副董事长、腾讯副总裁等。除了股东之外，长期驻场的投资人更是直接为创业者提供资金和帮助的一线资源。

其特征之五是咖啡屋把互联网与中国文化特色的圈子融为一体。以互联网（World Wide Web）、咖啡（Coffee）、红酒（Red Wine）作为咖啡屋主题的 3W 咖啡屋,其实就是一个互联网的圈子。它是由一群热爱互联网、致力于行业交流、酷爱咖啡和 3W 红酒的互联网人士通过微博发起，百名互联网资深人士热烈响应和支持的互联网主题馆。它以为互联网人士提供一个开放、专业、休闲的交流场所和沟通平台为主旨，以展现日新月异的创意产业、提高企业竞争力和影响力、繁荣互联网文化、增进业界交流、促进行业发展为目标。当然，它还是一家享受人性化的咖啡和红酒文化及美食的小资聚点。

3W咖啡屋创始人陈敢说，我们成立3W咖啡的想法，诞生于2010年11月底。从开始运营到现在，差不多快四年的时间，发起人为许单单。他是一名互联网的分析师，一直关注互联网行业发展，我们几个合伙创始人之间都是朋友，平常交流也挺频繁的。有一次他在QQ群说："到年底了，大家搞一个聚会，往年大家都是临时找地方，我看看要不咱们自己弄个地方吧，搞一个互联网人自己的'圈子'。"他一提议，我们几个合伙的人都觉得挺好。因为互联网这个行业要经常聚会，一开会，大家总是要临时找一些地方，不如专门弄一个地方，让大家聚会。[①]这背后隐藏的一个商机在于，随着中关村办公成本日趋增高，办公地点紧张，导致创业成本高，而且随着越来越频繁的公司之间业务来往，使得商务人士商议公司计划和投资的地方也变得紧俏，中关村附近地理位置显得尤其重要，包括腾讯、新浪、创新工场、优酷等互联网巨头均云集于此，微软新办公楼也临近。这也为纯粹洽谈商务的咖啡屋的出现提供了很好的机会。

创业咖啡屋不仅体现互联网时代的社交网络，不仅体现科技与资金的结合，更令人神往的是科技与资金结合的方式变化，而且是在创业咖啡屋中发生的变化。那就是创业与创业咖啡屋的资金来源的众筹机制。我们将在第三章专门用一个专题探究众筹咖啡屋。

六、创业咖啡的成功案例——光谷创业咖啡

在江城武汉，在校大学生人数超过100万，随着大学生创业的

① 爱策儿，陈敢．3W咖啡馆：成就一个"圈子"的梦想[N]．上海商报，2014-09-11.

增多，武汉创业气氛越来越浓。2012 年，雷军与多年的创业伙伴李儒雄谈及硅谷的车库创业文化，两人一拍即合，决定用自己的资金、经验、人脉为创业者搭起一个平台，“车库咖啡＋创新工场＋天使投资”的光谷创业咖啡应运而生。

2013 年光谷创业咖啡屋正式开业。光谷创业咖啡屋共分三层，总面积约 3000 平方米。一楼是装修风格简约的咖啡馆，进门处摆放的一个大大的白色咖啡杯上标有“光谷创业咖啡”几个字，杯口上一个大大的“创”字极其引人注意。二楼、三楼是创业孵化园。可容纳 40 多个创业团队的孵化器，开设三个公共会议室，办公桌椅、电子设备、文件柜一应俱全。

光谷创业咖啡屋的“创”是咖啡屋的 LOGO。创左边设计为两个 C。一个 C 代表 Capital（资本），一个 C 代表 Coffee（咖啡），右边代表快车道。设计者还认为，左边的 C 是 Creation（创新），右边 I 代表 Investment（投资）。现在运营两年后，“创”的 LOGO 又有新解读。左边 2 个 C 组成仓，代表靠创业吃饭，下面的 C 代表投资者，肩上扛着一个 C（创业者）；右边的两个“ll”表示一个好的政策带动，扶持一个新兴产业快速发展，代表两条腿脚踏实地创业。

光谷创业咖啡是一个高起点的平台，她突破了现行孵化器、加速器拥有大面积固定办公场所的创业模式，她以咖啡屋为载体，营造一个开放的办公区和交流区。点一杯咖啡，就可以免费办公一天，倡导“一杯咖啡，一个机会”的理念，聚集一批创业者、天使投资人、人才“猎头”等，提供工商注册、律师、会计师免费咨询服务，定期举办以创业和投资为主题的沙龙、讲座等专业咨询服务活动，搭建起一个环境更好、成本更低的创业、工作平台和信息交互平台。同时光谷创业咖啡还提供云服务器、提供研发测试环境、提供接口技术指导、提供开发培训等。严格地说，光谷创业咖啡的类型是垂直孵化型。其主要特点是专门孵化软件和互联网创业项目，具有较多的大佬资源，可为项目提供有针对性的创业辅导和其他增值服务。

两年的时间里，光谷创业咖啡孵化出近 80 个创业团队，培养的创业项目超过 5000 个。其中，折扣电商“卷皮网”在 2014 年拿下 A 轮和 B 轮两轮融资，90 后付小龙的“恋爱笔记”获得世纪佳缘 1000 万元融资，“块块互动”获得顺为资本、光谷创业咖啡 1200 万元投资、“车来了”获得阿里 500 万美元的 A 轮融资……

2014 年、2015 年，湖北省委书记李鸿忠、武汉市委书记阮成发、武汉市市长唐良智多次视察光谷创业咖啡屋。武汉大学、华中科技大学的校长也关注并参与光谷创业咖啡。

与光谷创业咖啡屋孪生的还有“汉版巴菲特午餐”之称的光谷青桐汇。据青桐汇的创办人解读，青桐汇的“青桐”即梧桐，青有青年的意思，喻指朝气蓬勃的大学生；桐有栖地之意，喻指大学生创业的场所“孵化器”。梧桐生长迅速，象征大学生快速成长，企业快速成长；梧桐全身是宝，象征大学生是宝贵资源。武汉梧桐生长茂盛，寓意武汉气候环境适宜大学生创业。青桐计划就是要育“青桐”、造“神童”、创“神话”、打造创新创业“梦工厂”与武汉大学生创业的“创业圣地”。青桐汇的“汇”就是汇聚项目、汇聚资金、汇聚信息、汇聚人才、汇聚导师的“五位一体”，搭建青年创业者与创投资本对接、与创业导师对话、分享创新创业经验的平台，让创业的智慧碰撞，让梦想的火花迸发。光谷青桐汇从 2013 年 12 月首期举办，已举办 20 期，34 项项目获得融资 5.7 亿元，15000 人次创业者观摩。

光谷创业咖啡屋一个重要的活动就是创业讲座。作为光谷创业咖啡投资人之一的雷军说：“白天做咖啡厅，晚上把条凳搬开，做创业讲座。”讲座每一期导师均来自本领域国内外经济学家、院士、

名校博导，著名企业家、投资家、创业先锋，世界500强企业总部高管、首席执行官、大中华区总裁或相当资格的资深人士，中国企业500强或民营500强企业董事长、总裁等。讲座受邀对象大部分是东湖高新区规模以上工业企业的董事长、总经理（CEO/总裁）等。光谷创业咖啡的创办者与经营者期望通过这样一个平台，促进企业管理者之间的学习与交流，为其带来管理水平的提升及经营理念的更新；青年创业者亦可从中得到启发，进而挖掘他们的创业潜力，提升他们在企业管理方面的能力。

光谷创业咖啡成功要素之一是武汉市，特别是武汉东湖高新区的鼎力支持。为将光谷打造成为创业者和企业家的“圆梦之谷”，东湖高新区加强推进省“科技十条”“汉十条”“黄金十条”等系列政策，加快推进科技成果管理改革试点，其中华科、武大、地大、华农4所高校，入选国家科技成果使用、处置和收益改革试点，全国仅14所高校入选。在此基础上，光谷出台“创业十条”新政，借鉴美国硅谷、以色列等地区先进经验，在全国率先出台创业政策，完善政策激励和环境营造措施。

在“人才特区”上，光谷深入实施“3551光谷人才计划”，设立5亿元股权代持基金，激发人才创新创业积极性。目前，光谷已聚集千人计划269人、百人计划133人、3551光谷人才计划1000多人。2000多个海内外人才团队、3.5万多名高层次人才在此创业栖居。

创新创业离不开资本。为打造“资本特区”，光谷集聚了800余家科技金融机构，包括13家要素市场、23家银行机构、35家科技贷款机构、60家金融后台机构、20家证券及保险机构和500多家股权投资机构，上市公司及挂牌企业达到101家，累计融资超过750亿元。

光谷创业咖啡创办两年多来，光谷创新创业氛围日趋浓厚，一批众创空间不断兴起，国内知名天使投资人聚焦光谷，天使投资机构相继成立，各类创业孵化模式不断涌现。今年，光谷创业咖啡等光谷 14 家新型服务机构，被认定为国家创新型孵化器。此外，在光谷创业咖啡的带动下，不止“青桐汇”，“创青春”全国大赛、光谷黑马大赛、中国创新创业大赛（湖北赛区）等一系列创业赛事，在光谷接连掀起创业高潮。

七、咖啡屋外：百年创业环境回顾片段

狄更斯在《双城记》中写道:“这是最好的时代,也是最坏的时代;这是智慧的时代，也是愚蠢的时代；这是笃信的时代，也是疑虑的时代。”我想，作为创业者，如果你已经开始寻求孵化，依靠孵化器这个平台创业，那么这就是创业的最好的时代，是一个孵化创业的最好的时代。当你没能很好地借助咖啡屋孵化器功能创业时，或许你就感受到这依然是一个创业的最坏的时代。咖啡屋孵化器功能或许是你感受到是否是创业的最好与最坏时代的一个标尺。

现在，政府鼓励“大众创业、万众创新”，这对创新者与创业者来说绝对是一个利好消息。但中央政府的提倡并不等于地方官员的落实。看百年中国企业创业史，政府不容许民间创办企业，即使容许，也是要政府来办国有企业，即使政府允许民间办，也是官督商办、官商合办的混合所有。即使政府完全同意民间办企业，也要看政府的扶持之手背后官员的掠夺之手。我们知道，长期以来，中国是个典型的农业社会，以农为本，重农抑商。士农工商，商居末位，直到 19 世纪六七十年代，古老封闭的大陆才开始萌发近代工商业

的嫩芽，而真正深刻的变化还是在19世纪末震动整个天朝大国的甲午战争之后。《马关条约》容许日本人在中国的通商口岸任意设厂，给当时具有忧患意识的中国人巨大的刺激，清政府也从那时开始允许民间办厂。“实业救国”“兵战不如商战”，就是那个时代走在前面的中国人发出的沉痛呼声。所以，中国企业真正的源头，从洋务运动算起接近160年，从允许民间创办企业也只能从1895年算起，也有120年。

傅国涌在《大商人》中概括出，中国第一代创业者的五种类型。第一个来源是读书人，有获得科举功名的，像张謇、陆润庠这样的。第二个来源是买办，他们先是给外资企业做职业经理人，积累了资本和经验以后再来创业。第三个来源是华侨，他们在海外打工、开店挣了钱之后到国内来投资。第四个来源是从商人到实业家，像荣氏兄弟，商务印书馆的第一代创始人夏瑞芳这些人，他们本身先是学徒，掌握了技术、经验之后，自己开作坊，然后扩大再生产，最后演变成大企业。这个群体是非常庞大的，恐怕是最大的。还有一个来源就是学生——新式学堂的学生或留学生，但是这个稍晚一点，像范旭东、穆藕初、陈光甫，他们在美国、日本留学，民国初年回来办企业。著名中国近代史学家格莱尔·白吉尔在《中国资产阶级的黄金时代》中指出，与西方17世纪的新教徒企业家不同，20世纪中国的企业家把自己的成功看作是拯救国家命运的希望之举。但这些第一代的创业者创造了中国1927—1937年的黄金时代，但他们的创业都通过不同方式死亡。一种是张謇式的，体制内下海，怀揣理想、家国情怀。经典的士大夫经商，严格地讲，他们的企业死于他们的政治情怀。一种荣氏家族企业，荣毅仁毅然将父辈创立的家族企业送给政府，公私合营，断送了家族的企业。与此相似的还有整个民营企业，原因就是三反五反、公私合营、统购统销、计划经济、“文化大革命”，不死不可能。当然，还有一种，就是抗战胜利以后，一些民间企业为躲避内战，跑到中国香港、中国台湾以及美国的，活下来了。改革开放后又重新回来创办企业。

在改革开放30多年间，一方面民间创业得到巨大发展，民营企业提供60%的就业，50%的GDP，40%的税收；但另一方面，民营创业企业寿命短。据统计：中国私营企业的平均寿命只有2.9年，中国每年约有100万家私营企业破产倒闭，60%的企业将在5年内破产，85%的企业将在10年内消亡，能够生存3年以上的企业只有10%，大型企业集团的平均寿命也只有7.8年。其中有40%的企业在创业阶段就宣告破产。在中国每天有2740家企业倒闭，平均每小时就有114家企业破产，每分钟就有两家企业破产。日本企业的平均寿命为30年，是我们的10倍；美国企业平均寿命为40年，为中国的13倍。

著名财经作家、“蓝狮子”财经图书出版人吴晓波先生的《大败局》《跌荡一百年》《激荡三十年》描述了中国创业者的命运史。《大败局》描述了中国创业者的草莽时代。人们从他的文字中可以重温改革开放初期汹涌的商品大潮和整个社会的躁动与不安，以及年广久、步鑫生等早期中国改革历史上的风云人物。而《跌荡一百年》记述了中国抗日战争时期、抗日战争胜利以后、解放战争时期以及新中国成立后，直至中国改革开放时期之前40年的中国商业史。作者试图在这些特定的历史背景下探寻中国商业人物和企业的成长基因、精神素质以及发展脉搏。在悠长的历史宽度中如何审视中国的商业发展？在百年的中国进步史上，企业家阶层到底扮演了一个怎样的角色？如果用一句话概括就是，在中国这片土地上创业维艰、守业更难。

中国创业企业的命运中有如下两个规律性的东西：一是有革命

就没有财富的创造，只有企业的毁灭。170 年来，中国从鸦片战争、洋务运动、太平天国起义、甲午战争、义和团之乱、辛亥革命、北伐战争、抗日战争、三次内战、人民共和国 30 年计划经济、改革开放 30 年。除改革开放 30 年是改良，其他都是革命。革命的成本太高，革命导致企业无法正常经营。所以，革命是企业发展的死敌。企业，包括家族企业多数成了革命的牺牲品。

二是政商关系总是家族企业无法回避也不能回避并逼死家族企业的主要因素。在鸦片战争之前，中国商业就处于不正常的政商关系下。徽商因明朝崛起而崛起，因明朝衰败而衰败。晋商也因清朝衰败而衰败。洋务运动的“官督商办”，结果是官贪商难办。第一次世界大战给予中国民间资本发展的大好时期，但是，政府喘过气来马上收拾民办创业企业。国民党执政期更是如此。新中国成立前 30 年无民间企业之说。改革开放的 30 年，特别是近 10 年也是政府太强、民间企业太弱的结构。可以说 60 多年经济，特别是改革开放的 30 年，政府本质上没有退出市场。主要是政府的产权制度没有真正建立，民间企业依然靠政府的政策与文件，依然靠官员的人治。

120 年的家族企业发展的历史，我们可以看出，创业企业每个转折点后都有政府行为与政府政策变更的深深烙印。在计划经济向市场经济转型的过程中，计划经济的惯性、官本位的余威，必然导致新型的政商关系，制约着创业企业的命运。170 年的中国现代化进程就是国企与民企博弈的过程。170 年的中国现代化进程在某种意义上是市场化进程。当国家有难时，是民间资本推进国民经济的发展，挽救政府。但是，当经济一有好转，国家就扶持国有企业，支持民间企业不够。

第三章

咖啡屋：花开五瓣

一、花开五瓣：来自禅宗的故事

我们知道，禅宗自达摩祖师由印度传来东土时就有预言，将来会形成“一花开五叶”的五个宗派，在六祖之后由南岳怀让禅师和青原行思禅师两支分别流传，经过数代传承和提炼，最后终于形成了临济、曹洞、云门、沩仰、法眼等五个宗派。五宗祖师并非所悟有别，而在于接引学人和修学手段上各有特点，禅风各个不同，从而形成了禅宗多元化的发展及唐宋时禅宗百花齐放的兴盛局面。

从传说中公元 9 世纪中叶，埃塞俄比亚的牧羊人科迪发现山羊啃食一种常青灌木上的红果子后会变得兴奋异常，尝试之后四处传播，到被一位年长的穆斯林毛拉发遇见，通过煎煮可变成芳香怡人、美味可口的咖啡饮料开始，也经历了一次全球传播的历程。

传播是从 1615 年威尼斯商人首次将咖啡带入欧洲开始的。1668 年咖啡进入美洲，1878 年，英国殖民者将咖啡引入非洲，1884 年咖啡在中国台湾首次种植成功，从而揭开了咖啡在中国发展的序幕。作为西方生活方式的一部分，伴随着咖啡文化的成长，咖啡已正式进入中国人的家庭和生活，成为都市人新的消费时尚，装点着都市风情。特别是改革开放的 30 多年的历史，也是中国人不断喜欢品味咖啡的历史，更是创办咖啡屋的历史，并把咖啡屋办得摇曳多姿。如同禅宗传播到中国，一花开五叶。咖啡屋在移动互联网时代，也结合中国政治、经济、文化的特征，以更开放的姿态拥抱大众，通过共同诉求在小小方寸之间搭建圈子，涌现出不少垂直行业、细分领域的主题咖啡屋、众筹咖啡屋、科学咖啡屋、文学咖啡屋、创意咖啡屋，包括前面提到的创业咖啡屋。这章，我们将分别论述。

二、众筹咖啡屋：从众筹到人民资本

（一）众筹与众筹咖啡屋模式

众筹源于国外 crowdfunding 一词，顾名思义，就是利用众人的力量，集中大家的资金、能力和渠道，为小企业、艺术家或个人进行某项活动等提供必要的资金援助。之前美国著名作家克莱·舍基提到一个认知盈余的概念，强调很多人都有闲置的时间、闲置的资源，如何把这些闲置的时间和资源汇聚起来，有目的地创造更有价值、更有意义的事情，在互联网甚至移动互联网技术日益增强的今天，将变得越来越重要。这里面，闲置的资源中一个最显而易见的就是闲置的资金。我们很多人都有闲置的资金，但我们不是投资人、也不是天使，我们的闲置资金也没有很大数目。单个人的单笔资金也许干不成什么事，但是如果数以千计万计的小额资金汇聚起来，可以帮助有梦想、有想法的人去创造事业，实现梦想，最终每个人的小额资金都创造了价值。这也许是众筹模式的诱人之处和现实意义。

众筹模式的特点：一是低门槛。无论身份、地位、职业、年龄、性别，只要有想法有创造能力都可以发起项目。二是多样性。众筹的方向具有多样性，在国内的众筹网站上的项目类别包括设计、科技、音乐、影视、食品、漫画、出版、游戏、摄影等。三是大众力量。支持者通常是普通的草根民众。四是注重创意。发起人必须先将自

己的创意达到可展示的程度，才能通过平台的审核，而不单单是一个概念或者一个点子。

2012 年，美国研究机构 Massolution 在全球范围内对众筹领域展开了一项调查。结果显示，该年度全球众筹平台筹资金额高达 28 亿美元，而在 2011 年只有 14.7 亿美元。2007 年，全球众筹平台的数量不足 100 个，截至 2012 年年底已超过 700 个。2012 年 12 月 27 日，美国福布斯网站发布一项报告，该报告预测：2013 年，全球众筹平台的筹资总额将会达到 60 亿美元；到 2013 年第二季度，全球众筹平台将增至 1500 家。未来，众筹模式将会成为项目融资的主要方式。

2014 年的中国互联网金融已经出现蓬勃发展之势。尤其在 Kickstarter、Indiegogo 等众筹平台在国外走红后，这种通过群众集资的方式获得资金援助用以实现创意及梦想的新兴方式为国内大众所效仿。众筹模式受到互联网巨头、传统企业和新兴创业者的争相分食。回顾众筹行业 2014 年的大事件，3 月，淘宝众筹频道上线；7 月，京东金融上线了京东众筹……越来越多的巨头开始瞄准“众筹”领域，2014 年也因此被业界人士定义为“众筹元年”，折射出该领域蓬勃的爆发潜力。

2015 年元旦后的第一个工作日李克强总理来到深圳考察。李克强总理说，当前国内外形势复杂严峻，传统增长动力减弱，必须着力推动面向市场需求的大众创业、万众创新，为发展增添新动力。9 月 16 日，李克强总理主持召开国务院常务会议，在会议上再次指出，推动大众创业、万众创新，需要打造支撑平台。要利用“互联网＋”，积极发展众创、众包、众扶、众筹等新模式，促进生产与需求对接、传统产业与新兴产业融合，有效汇聚资源推进经济成长，助推“中国制造 2025”，形成创新驱动发展新格局。国务院常务会议还确定，一是以众智促创新。大力发展众创空间和网络众创平台，提供开放共享服务，集聚各类创新资源，吸引更多人参与创新创造，拓展就业新空间。二是以众包促变革。把深化国有企业改革和推动“双创”相结合，鼓励用众包等模式促进生产方式变革，聚合员工智慧和社会创意，开展设计研发、生产制造和运营维护，形成新产品新技术开发的不竭动力。三是以众扶促创业。通过政府和公益机构支持、企业帮扶援助、个人互助互扶等多种方式，共助小微企业和创业者成长。四是以众筹促融资。发展实物、股权众筹和网络借贷，有效拓宽金融体系服务创业创新的新渠道新功能。[①]

2015年众筹模式已经开始呈现爆发式增长，并会有更多金融大佬介入，众筹与新类型产品众持以及P2P一道抑或成为互联网金融里一只不容忽视的重要力量。互联网圈也出现越来越多的融资案例，许朝军创立的点点网甚至还没有正式推出就已经获得了创新工场数百万美元投资及联创策源和红杉资本上千万美元的融资。其中，3W咖啡前期股东包括腾讯创始人兼前COO曾李青、盛大无线CTO朱敬、蓝港在线CEO王峰、完美时空副总裁许怡然、12580北京副总裁张翊钦、清科总经理符星华以及险峰华兴创业投资创始合伙人陈科屹等都参与其中。最新又增加了10多位股东：包括去哪儿总裁庄辰超、红杉资本董事总经理计越、清科集团董事长倪正东、金山毒霸市场总监夏济、财经网COO何建晔、走秀网董事长黄劲、百度市场主管刘皓雷等。车库咖啡目前的股东包括艾瑞创始人杨伟庆、联众创始人鲍岳桥、58等多个项目早期投资人林先珍、我爱我家等天使投资人安盟、春秋资本合伙人刘军、海虹控股副总裁上官永强、千淘资本合伙人李华兵等。贝塔咖啡地点在创新工场楼下，主要为支付宝设计师白鸦等阿里巴巴系，大概有30位股东。

众筹似乎无所不在，众筹买房、众筹出书甚至众筹创业等。众

① 中国政府网，2015-09-16。

筹出版最典型的案例就是2014年《社交红利》的众筹出版。出版行业的新常态似乎是：赚钱的书没品位，有品位、有学术含量的书常亏损、难保本。而一本名为《社交红利》的书，只花了两周的时间，通过众筹就募集到了10万元书款，预售了3300本，在随后的一个月内还加印5万本的销量。

《社交红利》出版时，出版方与作者一直纠结的问题是：一本讲述新兴的互联网商业的图书，怎么能利用好自己书中所讲述的那些概念和工具？意想不到的是，在图书试读阶段，一位互联网业内的试读读者提出建议，借助众筹出版。《社交红利》众筹出版成功说明了，不仅对经管类大众书籍可以众筹出版，对于一些小众、严肃的文史研究类书籍，藏在深闺的纯学术著作，少有出版社愿意冒风险出版、明显没有多少销量的书更需要借助众筹出版。

在众多的众筹创业中，最火爆的莫过于"众筹咖啡屋"了。众筹咖啡屋最为知名、影响最大的莫过于1898咖啡屋。1898咖啡屋是200位北大校友每人出资3万元联合创立的，他们来自北大各个院系，以70后为主力。因为是熟人圈，基于信任，股东没怎么见面，咖啡屋就办起来了，而且速度很快，从发起号召到开业，用了不到半年的时间。

除了北大校友众筹创办的1898咖啡屋，还有武大校友众筹创办的珞珈咖啡屋。武汉大学在东湖之滨、珞珈山上，珞珈山对于武大就像未名湖之于北大，它已经成为这所学校的一个符号。这家咖啡屋是由武汉大学的在京校友一同筹办的。或许是为了纪念青春，或许是思念珞珈山上的美景，在珞珈咖啡屋里，处处可见武大校园的印记。发起人既是武大校友，也是北大校友，所以，他既有对北大1898咖啡屋的关注，也有"武大郎"的珞珈情怀。在发起人的发动下，武大校友纷纷参与进来，并且组成了珞珈咖啡屋的股东微信群。

金融客咖啡屋，也是比较有名的众筹咖啡屋。据介绍，金融客咖啡屋的股东大多为金融界的精英。从院校背景上看，代表了北大、清华、复旦、中央财经、中科大、武大、哈佛、伦敦政经、长江商学院等内地以及全球知名的学府;细分行业代表了银行、保险、信托、基金、包括互联网金融等；区域上覆盖了北上广深中国的金融中心，包括纽约、硅谷、东京、伦敦和中国香港，也包括武汉、成都、杭州、青岛等区域的金融中心。

（二）众筹咖啡屋案例分析

首先看 1898 众筹咖啡屋。1898 咖啡屋实际上是把中国注重圈子的这个传统与新型的融资方式结合起来，形成中国式众筹商业模式，探索了新型社会组织模式。我们知道，中国传统文化基因中，最为核心的就是圈子文化，而 1898 咖啡屋就是以北京大学校友创业联合会这个圈子为依托的熟人圈众筹。圈子的核心是信用背书和价值网络。在中国特殊商业文化下，这种信用背书有着比实际契约更大的信用价值。作为创业校友，发起人天然有着较高的认同感和信任度，大大降低了参与者沟通成本和交易风险。1898 咖啡屋发起人几乎覆盖北大从 77 级到 2000 级的所有学院、行业、专业，涉及金融、移动互联、新能源、新媒体、教育、法律、高科技等多个领域;同时，八成左右发起人出生于 70 年代，目前多处于事业上升期，其寻求合作发展的动机非常强烈，带动了圈子活力。这样一种机制也能够最大限度地为处在各个创业阶段上的校友提供所需资源。

此外，1898 咖啡屋采用独特的会员“股东”化设计，按照发起人的出资额返还等额的消费卡，在中国的文化场域下，这一模式巧妙地满足了参与者的心理需求，激发了他们的参与热情，从而保证

了模式的成功效果。在此，发起人既是投资者又是消费者，还是传播者，这种三位一体的身份特征将供给方和需求方统一起来，并实现自动口碑传播。

再次，1898 咖啡屋的组织模式是典型的自组织与他组织结合的模式。整个治理结构实行的是双层管理架构。第一层由执委会、监视会和秘书处组成，以服务股东为核心任务。第二层由专业的职业经理人团队组成，以咖啡屋经营为核心任务，向执委会负责。金融客咖啡也有类似的组织架构，并且专门成立了金融客物业管理公司和金融客文化管理公司，分别负责咖啡屋的运营以及股东的活动组织。与协会组织一样，众筹咖啡屋必须要有一个专业、强大的秘书处，服务好近 200 个股东可不是那么容易的事。

1898 咖啡屋众筹模式的成功，为我们探究咖啡屋众筹模式以致中国众筹模式的基本要素提供了经验与标准。一是众筹模式并不是参与者越多越好，而是合适的参与者越多越好。也许正是因为有了标准，才会形成过滤效应，产生稀缺价值，吸纳更多价值观一致、志趣相投的人加入进来。二是要解决互联网背景下的信任基础问题。也就是通过吸纳有一定的人脉影响力，或者本身项目具备人脉引爆力的人的参与。如果不具备这种具有影响力、号召力的大腕加入就要建立信任体制。在招股书上写上承诺，让参与者看得见、摸得着。三是建立价值保障体系。众筹模式在于发动公众的力量，涓涓细流汇聚成海，众人拾柴火焰高。但要吸引众人的参与并乐意把钱委托给招募者，一定要发起人建立价值保障体系。这种价值保障并不一定是金钱，也可以是独特的价值服务、尊享的荣誉、特别的体验机会等非物质增值激励。这些价值承诺必须是白纸黑字写下来，并要持续坚守承诺。

现在，越来越多的众筹咖啡屋正在出现，包括股东突破校友范围、汇集大批社会精英的金融客咖啡屋。因为每位股东都等额入股，所以大家权利均等，每个人都有主人翁精神，他们充分开发自己的人脉网络。又因股东人数众多，通过相交的社交网络，咖啡屋得到口口相传，吸引来大批客源。可以说，丰富的内部资源使咖啡屋向无限种方向发展成为可能。

像金融业这么保守的行业，需要更多跨界对话：金融业和互联网的对话，保险和信托的对话。这类对话需要有个落地的地方，可以谈事情，认识新的朋友，同时这些新的朋友身份和资历和我们都是同等的，所以兴起这种新的众筹咖啡屋模式。

（三）众筹咖啡屋：成功的基本原则

众筹咖啡屋案例分析：不仅有成功、也有失败。2014 年前后，全国各地如雨后春笋般冒出许多众筹咖啡屋，而近日，这类通过众筹的形式开办起来的咖啡屋却屡屡因“倒闭”等字眼见诸报端。随着众筹和创投潮流的日渐兴起，越来越多具备互联网人脉资源和投资背景的创业咖啡屋模式开始在全国遍地开花。但面临倒闭的案例也不在少数，比如东莞“很多人咖啡屋”、上海“玫瑰与独角兽咖啡屋”等，尤其是微信朋友圈里疯传的《众筹咖啡厅 CC 美咖关门启示录》一文，给这股如火如荼的热潮浇了一瓢凉水。作者宋文艳，是武汉首家女性众筹咖啡厅——CC 美咖的发起人，但由于 50 位女性股东意见不一，CC 美咖仅仅存活了 6 个月就宣告关闭。理想很丰满，现实很骨感。宋文艳自我检讨说：“走错了众筹这一步，变成了一个急功近利的商业产品，违背了‘让社交有温度’的初心。”

张志峰在金媒体上撰文，提出众筹咖啡屋成功的八项原则，值得大家借鉴。

一是发起人要有号召力且有长远的愿景。能挑头众筹出一座咖

啡屋，另一方面，也不能忽视的是要有长远的愿景。一个企业能否走得长远，取决于创始团队的愿景和文化，众筹咖啡屋不是追求利润的企业，但作为一个组织，性质是一样的。

二是成员要气质相投且适度多元。像“车库咖啡”“3W 咖啡”等众筹的咖啡屋，参加过其活动的人能明显感受到这是个“同仁”聚会的场所。金融客咖啡也是如此，其成员有来自于互联网金融的 85 后创业者，也有来自于工农中建这些传统商业银行的中层领导，但在气质上他们是一类人，都是想做事的人，都希望推动中国的金融改革。除了气质相投外，众筹的发起成员还要适度多元。这个怎么理解呢？比如说都是做金融的，那么做互联网金融、量化投资、PE 投资的人都要有，如果都是传统商业银行的人，这样的众筹组织就意义不大了。因为在互联网时代，人们更渴望跨界交流，而且众筹本来就是要打造分布式的自组织，每个成员都是有能量节点，所以多元化才能保证整个组织的活力。

三是要有很好的管理团队和清晰的组织架构。众筹咖啡屋是一种自组织，但需要拥有清晰的组织架构与专业的管理团队。众筹模式是一种自组织没错，但不能忘记两点：一是没有纪律的组织必不长久。二是参与众筹的发起人都是理性人，必有所图，如果没有专业的管理团队让他们达到预期，那必然会散伙。

四是咖啡的品质与咖啡屋的服务很重要。许多人认为众筹咖啡屋主要是为众多股东服务的，咖啡屋的服务和咖啡的品质不是第一目的，咖啡屋的品质差不多就行，主要还是通过各种活动把这个圈子黏在一起最重要。众筹咖啡屋虽然是一个相对封闭的小圈子，但股东更在乎的是咖啡屋的口碑，而不是一时的体验，如果一家咖啡屋的产品和服务在外界的口碑很差，必然会给发起人带来很大的压力，甚至彼此之间产生嫌隙。所以，众筹咖啡屋必须请一支专业的运营管理团队，众筹这种模式有点粉丝营销的意思，但决定能否走得长久的还是产品的品质。

五是众筹咖啡屋不要太快速的扩张，吸纳新人要谨慎，不能什么钱都要。对于众筹，法律规定是发起人数目不能超过 200 人。有一个众筹咖啡屋的发起人说“他非常感谢这项规定”，因为他很怕人数一多，这个组织就散了。

六是要众筹到足够的钱，轻松覆盖至少三年的咖啡屋运营成本。既要筹到足够的钱，又不能什么钱都要，办法就是每一个人要交的钱远远大于运营一个咖啡屋所应均摊的成本。为什么这样还有很多人愿意参与众筹呢？这是因为每一个发起人其实并不在乎自己所出的钱能够通过消费赚回来，这也根本不可能，他们在乎的是另外 100 多个高质量的、具有相同气质的发起人人脉。所以，众筹是筹智、筹人、然后才是筹钱。如果咖啡屋运营一段时间发现钱不够了，再从发起人募资，那必然导致质疑、猜忌，组织很快就会解体。

七是吸纳大佬是把双刃剑，不符合咖啡屋价值观的大佬反会带来伤害。任何组织都希望吸纳大佬，大佬为组织贴金。但众筹讲究的是去中心化，要颠覆的就是金字塔形的组织结构，大佬进来，很可能就成为一个中心，虽然在形式上他不是中心，但是在组织成员的心里，他不知不觉间就成了中心。假如这个大佬与组织的价值观并不契合，那么这个大佬的加入就会对组织形成伤害。

八是要有退出机制并要保证公平。现在众筹出来的咖啡屋，历史都很短，有难以为继的，但还没有听说把哪个发起人踢出来的。笔者认为，一个组织要保持健康，必要的时候还是需要净化。当然众筹组织跟企业不一样，没有那种业绩压力而需要踢人，但对于毒害组织的人必须坚决踢走。所以说，众筹咖啡屋绝不是一个看上去那么好玩的事，这种自发的有机组织同样需要优胜劣汰，同样可能出现党同伐异。互联网虽然改变了人们的生产生活方式，但是改变不了人性。

（四）从众筹咖啡屋到人民资本

60多年来中国社会的核心问题是平等与效率的关系问题。美国著名经济学家阿瑟·奥肯在《平等与效率：重大抉择》一书中指出，传统的西方经济理论中，对经济体制的评价通常都是将经济效率作为最重要的尺度。然而，随着西方资本主义发展过程中贫富两极分化现象的日益严重，关于资本主义制度是否真能保证平等的问题就成为了人们怀疑和批评资本主义经济制度的焦点问题之一。而《平等与效率：重大抉择》超越经济领域的视角，提出以"效率优先，增进平等"的抉择方法，以"恰当的政府干预措施"为抉择的机制。[①]

这一抉择理论对于当前的中国经济是有很大的借鉴意义的。计划经济时期，政府希望通过国有经济与计划经济解决公平问题，结果既没公平，也无效率。改革开放之初痛定思痛，决心解决效率问题，并提出让一部分人先富起来，先富带动后富，正如邓小平所说，穷了几千年，中国该富起来了，结果是一部分人是先富起来了，但先富并没有带动后富。30多年改革开放，在低工资、低福利、高强度、高税收、高污染的条件下，经济发展了，但贫富差距大得超出了人们的想象。我们面临的问题，不仅依然有效率问题，更有公平问题。

我们的困境是：国家既不能回到计划经济，人人贫穷，财富得不到保护的时期；也不能持续走这37年，通过权力获得财富，通过权力创造富人，通过财富雇佣劳动，通过污染环境发展经济的道路。或许这条道路在37年前是合理选择、是必然选择，但这条道路的选择导致巨大的贫富差距，是必须面对的、是必须解决的，不然社

① 阿瑟·奥肯．平等与效率：重大抉择[M]．北京：华夏出版社，2010.

会会出现崩溃。我想，今后国家要选择的道路，是既要维护人权的尊严，也要能保护产权不受侵犯；既要激发每个人创造财富的动力，保护产权，也要给予更多人通过创新、创业获得财富；既要践行政府提倡的大众创业、万众创新的创造财富之路，也要在创造财富过程中兼顾公平。

费孝通曾指出：21 世纪为危险世纪，21 世纪人与自然、人与人之间的矛盾将空前激化。还是几千年的“不患寡而患不均”、这是几千年以来的痼疾，也是社会所有丑恶现象的罪魁祸首，这已形成社会共识。怎样解决这个两难的问题？众筹创业就是解决资本与劳动的平等关系，解决人权与产权的平等关系，解决先富起来与共同富裕的关系。私营企业不仅是资本雇佣劳动，也是资本与劳动的结合，包括金融资本与人力资本的结合。

其实，众筹模式也是合伙人模式。既是在现代公司治理理论上的一场革命，也是金融的革命。大家知道《公司法》，现代公司治理理论，同股同权同利，按股权来表决，决策是资本说了算。《中国合伙人》这部电影，或许大家都看过，或许当时更多是从创业的故事或者说娱乐的角度来看的。今天回头来看，它代表了一个时代的来临。这在制度层面说明了，人力资本比金融资本更重要。人力资本就是人的资本。众筹的革命意义在于推翻资本雇佣劳动的模式，把资本雇佣劳动变成金融资本与人力资本合作的模式。合伙制就是金融资本与人力资本合作。既有资本的意志，也有人力资本的意志。当今还不可能做到实物资本、金融资本为人力资本打工，但可以做到实物资本、金融资本与人力资本相互打工、互为打工，互为老板。发展起来，钱不是问题，团队才是问题的时候，中国的先富与后富的问题就解决了，贫富差异就缩小了。

中国现在正处在大众创业，万众创新的时代，一个众筹的时代。

2014 年 10 月 19 日李克强总理在中央电视台上公开鼓励进行股权众筹的试点，股权众筹是四种回报中最深度、最具有革命性的众筹方式。

人大重阳金融研究院刘戈研究员在《众筹——从咖啡屋到人民公社》一文中指出，“中国式众筹”可能是（或许必须是）一个“四不像”：有点像普通公司、有点像传销企业、有点像宗教组织、有点像人民公社。我非常认可他的“中国式众筹”的人民公社说。我们知道，在美国有一种农业合作社的经济组织，除了土地依然归各户农民私有，所有的农业机械及其他生产资料都归集体所有，甚至还建有集体大食堂和幼儿园。看上去，完全符合我们对社会主义新农村的设想。

在这种合作社中，管理权由社员选出的董事会来行使。每个社员在选举董事时只有一票表决权而不是像公司那样按照股份分配投票权；所有董事必须同时是社员，必须参加农业生产。在赢利方面，以一年内利用合作社的总量为基础进行分配，或者说按社员一年内与合作社所做业务的数量进行分配。

在美国，各种组织方式不同的合作社和单干农场及公司制农场是和平相处的，共同形成了世界领先的美国农业。工业化社会创造了公司这种最有效的组织模式，但公司制以资本为纽带、以盈利为目标、以纪律为手段的生产经营方式并不被所有人喜欢和认同，人们渴望用更公平、更平等、更符合人性的组织方式来代替公司制。这种内心深处的愿望，正是 20 世纪轰轰烈烈席卷全球的社会主义革命心理背景。从人类社会发展的规律来看，通过多样性的组织形成新的生产经营模式的可能性是存在的。但遗憾的是我们虽然知道它的存在，却并不知道它到底是什么样的。“中国式众筹”或许是发现了一条通向彼岸的新航道。

改革开放30多年，取得的成就不容否定，存在的问题，特别是贫富悬殊的问题也不能忽视。国有企业有公平无效率，民营企业有效率无公平、无尊严。那么关键是，怎样解决中国经济这种公平与效率的问题，怎样在维护尊严、人权、自由与公平的前提下发展经济。发展经济的出发点本是追求自由、平等，结果在经济发展的过程中丧失了自由、平等与尊严。其核心问题是劳资双方不应该只是雇佣关系，而应该是股东之间的关系。经济共同体内的人与人的关系应该是资本与资本的合作，包括金融资本之间的合作与金融资本与人力资本之间的合作。众筹模式或许是探索人民资本一条新的道路。

三、科学咖啡屋：回击伪科学、伪大师的堡垒

我们知道牛顿写了《自然哲学的数学原理》，但或许不知道，《自然哲学的数学原理》是在咖啡屋里与科技界朋友哈雷思想交锋的结果。1683年的一个夏日晚上，哈雷与胡克以及天文学家雷恩照例一起聚在希腊咖啡屋闲侃。在天南地北的神聊中，话题扯到了天体运动。雷恩问：为什么天体运动是一条椭圆曲线？两位同伴不作声。雷恩拍出40先令，赌谁先得到答案。后来，哈雷[①]问牛顿，牛顿回答是椭圆，并说自己算过，但半天没有找到，只得重新计算。一算就是两年，写下来的就是这部伟大的《自然哲学的数学原理》，也是第一次提出了足够改变人类科学史进程的万有引力定律。[②]英国

① 爱德蒙·哈雷（Edmond Halley），英国天文学家和数学家。把牛顿定律应用到彗星运动上，并正确预言了那颗彗星做回归运动的事实。此彗星以哈雷的名字命名，称为哈雷彗星。

② 余泽明．咖啡屋里看欧洲[M]．济南：山东画报出版社，2007：104–105.

诗人蒲柏曾写过：自然界和自然规律隐藏在茫茫黑夜之中。上帝说：让牛顿降生吧，于是一片光明。

我们知道，物理学家阿尔伯特·爱因斯坦的一生与咖啡屋结下了不解之缘。1896年，他就读于瑞士苏黎世联邦理工学院。在这里，利马特河畔的都会咖啡店是爱因斯坦与朋友们常去的地方。他们边喝咖啡边交谈，聊聊人生，聊聊科学，当然谈得最多的还是物理学。毕业后，爱因斯坦搬到了伯尔尼，为了谋生，做起了物理家教，一个小时收取三法郎的报酬。爱因斯坦施教的地点是奥林比亚咖啡屋。他和他的学生、朋友（有些学生最后成了他的朋友）在咖啡屋里一边喝着咖啡、吃点简单东西，一边讨论数学、物理、哲学等问题，互相取长补短。

（一）什么是科学咖啡屋

科学咖啡屋，也有叫科技咖啡屋（Science Cafe）、发明咖啡屋的，它是一个让你在品尝咖啡或茶的时候，同时能兴趣盎然地探讨最新科学和技术发展的自由学术聚会场所。这类的聚会通常都是在咖啡犀里，总之是远离传统学术环境和氛围的地方。

准确地说，科学咖啡屋并不是指某一家具体的咖啡屋，而是指为了促进科学交流和知识传播兴办的、以咖啡为形式的科学论坛。英国独立制片人达拉斯借鉴法国科学咖啡屋的经验，在咖啡屋举办科学论坛，发现参加论坛的学生比平时听课的还多。于是，从2001年开始，达拉斯和同伴获得英国慈善组织17万英镑的赠款，并在三年内设立了近三十个咖啡论坛点，同时在世界范围推广。①

英国著名的X射线晶体学家、分子生物学家，科学学的奠基人和杰出的社会活动家J.D. 贝尔纳指出："由于变革速度的加快，每

① 余泽明．咖啡屋里看欧洲[M]. 济南：山东画报出版社，2007：106-107.

一个人的生活与其父辈相比，其共同之处越来越少。他会碰到越来越多的传统方法解决不了的新问题。因此，科学，作为解决新问题的手段，其作用将日益增大，我们将会越来越强烈地感到，认识科学的所有方面是如何发展的，是十分必要的。”[①]而科学咖啡屋以科学为主题的谈话，把复杂的、艰深的、枯燥的、高处不胜寒的科学，通过咖啡屋的讲座与交流变成亲和的、有趣的、充满魅力的科学，这是一件功德无量的事业。科学咖啡屋是一个讨论科学技术课题的论坛而不是展示科学技术的一个窗口，使得在咖啡屋品尝咖啡的过程中尽可能地多接触科学技术并且让科学技术在大众眼中不再显得那么高不可攀，使得在咖啡屋品尝咖啡的听众在此获得一点细微处的感动；使得品尝与聆听的过程中头脑有一个灵光乍现的创意，有一次兴味盎然的启蒙，有一场不分伯仲的辩论，有一回茅塞顿开的领悟。通过品味一杯味醇意浓的咖啡与兴味盎然的讲座回击伪科学，这也是近百年前五四运动最为重要的两个主题之一：科学与民主，或者德先生与赛先生。

（二）科学咖啡屋在世界各国的兴起

第一个科技咖啡屋应该是于 1998 年在英国的利兹成立的。从这以后科技咖啡屋网络便陆续地在纽卡斯尔，诺丁汉，牛津等地建立起来。当今这个网络已经扩展到英国很多其他的城市，并逐渐发展为定期活动，成为最新科学和技术信息的非正式论坛，吸引感兴趣者参与。到咖啡屋品味咖啡、聆听现场专业人士的讲座，那些科学知识仿佛变得不那么艰深。活动通常选址在咖啡屋，一般先是小型讲座，然后茶歇，品酌一杯咖啡，稍事休息，进入公开讨论阶段。

这种名为科学咖啡屋在美国也做得风生水起。在美国这类科学

① J.D. 贝尔纳 . 科学的社会功能 [M]. 北京：商务印书馆，1985：16.

咖啡屋的新型科普活动吸引诸多科学、技术、工程和数学爱好者。肖恩·沃尔什参加过两次在佛罗里达州奥兰多市中心一家小吃餐厅举办的科学咖啡屋活动，主题分别是小行星和辐射，一边听，一边喝啤酒、吃土豆泥。沃尔什现年27岁，从事平面设计，自称对科学是外行。他告诉路透社记者："我们就是想学点知识，无所谓吃什么。当然，我们有一些社会交往，过得相当愉快。"

奥兰多地区科学咖啡屋活动的发起方和组织方是佛罗里达科学院。科学院主管爱德华·哈达德说，科学咖啡屋活动的参与者大多接受过大学教育，或者至少对某一主题抱有强烈的好奇心。

美国的科学咖啡屋活动由美国公众电台"诺瓦"科学节目创办的"科学咖啡屋"网站组织。网站说，任何一个有场地、扬声器和市场规划的团体或个人都可以举办科学咖啡屋。

网站显示，科学咖啡屋举办地遍布美国。哈达德说，美国现在致力于增加科学、技术、工程和数学专业大学毕业生，这成为科学咖啡屋数量增加的主要原因之一。

科学咖啡屋已经漂洋过海至巴基斯坦首都伊斯兰堡、比利时北部港口城市安特卫普等地，举办地包括咖啡屋、酒吧、餐馆、书店、剧场和中学。

在佛罗里达州的比埃拉，大约60名退休老人经常带上比萨饼，去布里瓦德动物园或约翰·肯尼迪航天中心参加科学咖啡屋活动。在同一州的代托纳比奇，来自恩布里－里德尔航空大学的知名科学家在一家咖啡店举办讲座，座无虚席。哈达德说，希望科学咖啡屋能够吸引公众，培养公众对科学、技术、工程和数学的兴趣并且把这种兴趣传给下一代。他说："我觉得，科学、技术、工程和数学（教育）应该始于家庭，学生们由对科学感兴趣的父母或者亲戚抚养长大，受到鼓励，愿意学习科学。"

此外，也有把科学咖啡屋办成发明咖啡屋的。比如，高通最近对北京的一家咖啡屋做了改造，整个咖啡屋内部以无线连接为主体，用以展示骁龙芯片和高通无线平台的各种特性，冠名“发明咖啡屋”，主题叫“因为发明，所以任性”。这家咖啡屋所体现的绝大部分都已经不是未来概念，而是眼下就能实现的万物互联生活方式。

我们知道，手机作为智能家居和无线连接的中心设备，其重要性在现在的生活中是毋庸置疑的，不过新一批移动终端的涌现也对以手机为中心的概念发起了冲击，比如说智能手表。而发明咖啡屋现场就展示了一款“萌系”儿童定位手表，内部自然也是高通物联网模块设计 IEM 和低成本无线通讯方案。据说这种 IEM 设计能够连接各种设备，包括汽车、智能咪表、宠物，还能实现货物追踪、医疗检测等。骁龙芯片本身也已经深入到了如今众多智能手表中。

（三）创办科学咖啡屋的几个基本要素

科学咖啡屋或者科技咖啡屋有几个基本要素。首先是选择一个咖啡屋；其次是讨论一个重要的和有趣的科技课题，是非正规的科技论坛形式；三是听众是那些对科学充满了兴趣但是通常并没有机会和那些业内的专家探讨和提问的年轻人。对于演讲者来说并不要求听众具备科学技术知识，所以任何人都可以参加。科学咖啡屋的科学讲座活动，首先以一个科学家或科技工作者的简短发言为开始。在简短发言结束后通常是短暂的休息，这可以使我们有时间给杯子加满水及做些私下的交流。在之后的一小时通常是提问和回答问题及广泛的讨论阶段。每个人都会有机会提问，科学咖啡屋欢迎这样的提问：“这也许是个愚蠢的问题，但是……”这些问题从来都不是愚蠢的，相反倒是很有创意的。科学咖啡屋所探讨的问题涉及所有和科学技术有关的课题。科学咖啡屋曾经讨论过的话题包括艾滋病、生物的多样性、癌症、密码破译、意识、达尔文主义、生态学、进化、极限生命、转基因生物、全球变暖、不育症、纳米技术、科学普及、体育中的科技、超导体等。所有的科技沙龙项目都包含有听众的建议。

科学咖啡屋通常是免费的，还会有饮料供应。然而有些场所会收取少许的费用以支付场地的费用，许多的咖啡屋会采取募捐的形式以支付讲演者的路费，当然这些都是自愿的。科学咖啡屋不从所举办的活动中赢利或是向讲演者付费，这只是为公众了解和更多地参与科技活动所组织的公益论坛。

（四）中国需要借助科学咖啡屋回击伪科学、伪大师

中国需要科学咖啡屋，因为中国人需要培育科学的精神。中华民族或许是最缺乏科学精神的民族，关于科学的问题，影响深远的一是五四运动提出的德先生、赛先生；二是李约瑟悖论。此外，中国伪科学盛行、江湖骗子盛行、伪大师盛行，其实就是缺少科学的精神、缺少科学的素养、缺少科学的常识。科学咖啡屋既可传递科学知识、培养科学素养，也可以回击江湖骗子、回击伪科学、回击“大师”。

伪科学盛行、骗子横行，核心是这些伪科学的东西与“大师”们都与权力结合在一起。虽然媒体封锁，但是，我们依然知道，伪大师背后有大人物，大人物就是指权力大的人物，可以通天的人物，最接近皇权的人物。此外，中国古代几千年的极权政治统治导致中国人的血液与基因中传承着权力崇拜。崇尚权力的结果，就是泛政治化，使得一个社会必需的文化多样性丧失，各个社会领域出现同质化的腐败，以致欺骗、讹诈盛行，假大空成风。因为权力天生就是贪婪的、残暴的，而且不需要任何理由的。权力是对社会以及社

会个体的普遍威胁，包括对拥有权力者本人的伤害。

权力崇拜的结果必然导致逻辑思维与批判思维的缺乏，更遑论创新思维。现代文明国家的权力是受到控制的。控制的工具就是科学、理性、逻辑以及合理的社会结构。

《创业家》记者采访反伪斗士方舟子先生，问为什么中国的“大师”层出不穷？方舟子的回答是：千百年来我们没有科学理性传统，我们相信经典、皇帝、前贤圣人，包括我们的小学教育也是要相信权威、师道尊严，而不是鼓励你去怀疑、去探索、去求证。科学思想讲究的首先是怀疑，而他们（“大师”）是让你信。中国曾经的信仰衰落后，这些“大师”们就来代替，各种各样的，本质都一样。①

从中国政府对伪气功大师王林的调查，到早几年的“养生大师”张悟本，层出不穷的“大师”不由得让我们思考，究竟是什么样的土壤能让他们如此活力无穷？何以当中国已经发展为举世瞩目的世界第二大经济体时，还有那么多盲从盲信者对“大师”顶礼膜拜？

贾鹤鹏，中国科学院《科学新闻》杂志原总编辑、美国康奈尔大学传播学在读博士在自己的博客上撰文《为什么中国伪科学横行？》，指出：中国伪科学横行，“大师”辈出的根本原因主要还不是国民科学素质欠佳，而是信息劣币驱逐信息良币。

正如，我在《柳絮才高——科学态度与文学精神》②一文中所指出的，一千多年来，中国文人墨客为什么“扬柳抑盐”③？我认为，本质上是中国文人表达方式中的文学精神偏多，科学态度缺乏。中

① 方舟子等．为什么中国的“大师”层出不穷？——方舟子、赵士林、何志毅眼中的“大师”[N]. 东方财富网，2011-11-22.

② 甘德安．中国成语批判[M]. 北京：华文出版社，2014.

③ “扬柳抑盐”是指中国文人否定谢朗“撒盐空中差可拟”对下雪的描述，而肯定谢道韫的“未若柳絮因风起”对下雪的描述。

国文人写雪的诗多于牛毛，但这些诗人对雪的形成、下雪的过程、雪的形态几乎没人研究。也就是说，中国文人偏向精神层面的浪漫而缺乏科学实践的态度。一直在用文学比拟、直观的感受做重复的、肤浅的表达。撒盐空中差可拟，太缺乏美学的精神了，太缺乏文学的才华了；那么，未若柳絮因风起是否太缺乏科学的态度？所以，我们还要进一步研究中国古代士大夫的科学态度与文学精神分裂的问题。

中国有两类人特别容易迷信。一类是社会底层的人，另一类是社会顶层的人。前者搞不懂自己为什么这么悲催，后者害怕得到的财富突然失去。

鲁迅先生曾指出，对于我们这个得了“昏乱病”的“不长进的民族”，希望有药可以医治。他指出：这药原来也已发明，就是“科学”一味。鲁迅认为，必须服下“科学”这味药，只有这样，“中国的昏乱病，便也总有全愈的一天。祖先的势力虽大，但如从现代起，立意改变：扫除了昏乱的心思，和助成昏乱的物事（儒道两派的文书），再用了对症的药，即使不能立刻奏效，也可把那病毒略略羼淡。”①

我们为什么需要科学咖啡屋，需要科学咖啡屋的讲座、培训？因为，太多伪大师、伪培训甚嚣尘上。到机场看看，多少“国学大师”谈论国学、谈论国学与企业管理。想想，2000 多年的中国所谓国学也没有导致现代企业的产生、现代工业的革命、现代企业管理的理论，但这些借助国学的管理经验的“著作”却风靡机场。这些作者被叫作“培训大师”，前面冠以“国学”“易经”“宗教智慧”等在这个国家容易引起敬意的修饰语。他们大都履历不详，横空出世，可以在成千上万人面前滔滔不绝地演讲并赢得观众赞叹。他们喜欢

① 鲁迅 . 鲁迅自编文集：热风 [M]. 北京：译文出版社，2013.

谈论企业管理，但并不研究和创造管理理论。他们擅长用已有案例证明来自“易经”“老子”乃至宗教的模糊万能的教训。

1994 年年末，在院士联名上书中央后，《关于加强科学普及工作的若干意见》以中央委员会文件的形式下达，为攻击伪科学吹响号角。科学的功能是什么，我想不外乎两大社会功能：科学的物质功能和精神功能。自从 19 世纪后期以来，尤其是在 20 世纪和当代，科学变成强大的潜在生产力，并通过技术转化为直接的生产力，成为推动物质生产的主导和加速社会物质文明进步的决定性力量。科学的物质功能大大地提高了人们的生活水平，改善了人们的生活质量。这方面大家有目共睹，但对科学的精神功能则认识不深。鸦片战争之后，我们的前辈，民族的仁人志士也认识到这一点，不然，五四运动在中国面对的众多问题中，只提出德先生与赛先生；并认识到，没有赛先生就没有德先生。

所以，我们不仅自然科学要在科普方面下功夫，在社会科学与人文学科方面也要进行科学普及，更准确的说法是学术写作。科学咖啡屋不仅应有自然科学方面的讲座与普及，也应该有社会科学与人文学科的讲座与普及。我们知道，西方一直有一种通俗畅销的学术著作一说，既保持其内容的学术性，又以其鲜活有趣、人人易懂的写法，将学术作品大众化，走入寻常百姓家。比如英国著名的进化生物学家理查德·道金斯的《自私的基因》，美国学者贾雷德·戴蒙德的《枪炮、病菌与钢铁：人类社会的命运》、美国记者米歇·尔沃尔德罗普的《复杂：诞生于秩序与混沌边缘的科学》、以色列历史学家尤瓦尔·赫拉利的《人类简史：从动物到上帝》都是值得我们学习并践行的。好在近年来，这种学术写作也渐渐走入我国，从黄仁宇、汉学家史景迁到近年的吴思、张鸣等人，无一不走着这条路。

四、校园咖啡屋：大学变革的试验田

（一）大学教学方式的多种形式

谈大学，谈大学教学方法不能不谈牛津大学，不能不谈牛津大学的导师制。牛津大学是现代大学之源，牛津大学的导师制是牛津大学教学之魂。经过几百年的完善与改进已经成为世界名牌大学根深蒂固的教学传统，也是大学是否能始终保持卓越教学质量的关键所在。与牛津的导师制相匹配的自然是牛津大学学生的课程学习方式。牛津大学教学方式一是课堂讲授式教学模式或称讲课制度（Lecture 或 Class），与我国的课堂教学相同；二是研讨性教学模式（Seminar），老师或专家依主题进行报告，然后开放式问答，在教师的指导下开展讨论与研究；三是导师制教学模式（Tutorial System），导师制教学模式则是在学生与导师会面时，导师给予学生个别指导和建议。

牛津导师制教学的最基本要素是撰写周论文，可以是一篇研究性论文，也可以是读书体会。教师与每一个学生共同制定个性化的教学计划，每一门课程都是如此。在课程学习过程中，导师根据学生的情况，提供一个相关的论文题目、一本书和一份参考文献目录，要求学生在规定的时间内完成所提供书目的阅读，并按要求写出一篇 2000 字以上的论文。学生完成了周论文的写作并上交后，及时去见导师，也就是请导师上课。每周导师为学生上课一次，每次都要讨论学生独立撰写的这篇周论文。上课时学生首先宣读自己的论文或报告并讲解论文的内容，导师与学生一起讨论学生已完成的工作，以及在以后的进一步学习中将要研究的论文或解决问题的方法，并就文章的论点、论据进行辩论。导师上课就是面对面的辅导与指点，每周上课一次，每次一小时左右。上课的地点一般选择在导师的书房、小型教室、实验室或者咖啡屋。上课的形式一般为一对一，面对面的个别辅导，这是几百年牛津精英教育的传统。课上一般有三部分内容：一是讨论点评学生的周论文及学生在写作过程中存在的问题，这需要大半时间；二是讨论解决学生在大学学习和日常生活中遇到的各种问题；三是导师辅导并帮助学生准备大学组织各种考试。

当然，导师教学的形式绝不会是呆板如一的，而是灵活多变的。师生的会面可能至少每周一次或更频繁，上课的时间也非常灵活，师生见面的地点，因人而异。但无论授课的时间地点如何灵活，上课的主要内容是不会发生变化的，那就是牛津人认为仍然要通过书写培养学生思考能力的学科，导师要求学生的周论文是必须提交并讨论的。但是在科学或数学的指导课中，导师不会集中于论文，而是关注解决问题的方法或模式。当然这里也包括学生个人的研读方式，即自学，只有个人研读得认真、充分，在与导师见面时才表现良好。

课堂讲授、研讨性教学与导师制教学这三种教学方式，自然要形成三种的教学空间。教室、咖啡屋与导师指定喝咖啡、喝下午茶的地方。

在这里谈谈牛津大学的“下午茶”。在每天下午 3 点到 5 点，牛津大学不同学科的教授坐在一起，品尝红茶与咖啡，每个人都可以随意阐述自己的研究领域、研究方法，同时大家又在吸纳其他领域的研究方法，通过这种互相学习以及知识的组合，产生出大量的、边缘的学术思想。有些价值连城的学术成果，其萌芽就是在喝下午茶与咖啡时产生的。剑桥大学的一位校长曾经骄傲地说过：“喝下午茶，我们喝出了六十多位诺贝尔奖获得者。”

其实，喝咖啡、喝茶不过是形式和手段，其真正意义在于促进多学科、多层次的思想交流、观念碰撞，打破专业、思维、观念的局限。精髓是平等自由的交流、表达与分享、谦逊与聆听、尊重与包容。可见，这是剑桥大学“下午茶”这种交流方式淡于功利、主动性强、随机性大，较好地弥补了正式信息交流的不足，促进了信息共享。这与国内大学是不同的，国内大学教师很少有思想交流的方式，无功利的、跨学科的学术交流平台也很少，不同学科教师之间的非正式沟通、交流与碰撞更少；有的是大学行政频繁的会议间的窃窃私语，可以想象行政会议的低效。所以，中国大学难出思想、难出原创性研究成果。而校园咖啡屋可以起到学校正式信息渠道信息传递不畅的不足，所以，有必要把校园咖啡屋打造成教师非正式信息交流的平台。

过去人们总认为课外活动只是课堂教学的一种补充，然而美国大学的证据表明，“所有对学生产生深远影响的重要的具体事件，有 4/5 发生在课堂外 ”。美国大学生除了个人学习外，还积极参加各种社团活动，在活动中激发了创新精神，强化了实践能力。

中国现在也有 2000—3000 所大学，985、211 的大学也有 100 多所，但为什么那么多中国高中毕业生选择申请留学欧美？这种选择，实质就是认可欧美大学的教学方法、教学内容及教学成效；这种选择，实质就是对中国大学教学方法、教学内容与教学成效的摒弃与否定。作为在中国大学任教 30 多年的教师，观察到中国大学教学方法的主要方式就是，满堂灌、大班授课、从理论到理论、从讲授到讲授，教室永远是固定的、排排坐的，很少有互动的，因着这种状况，课堂上学生就有可能玩手机、睡觉。作为学生与学生的父母，认为上大学就是为未来投资，投资到中国大学没有信心，那么留学则比较靠谱，这是降低对未来投资风险的理性选择。

再看美国的大学教学方法，比如哈佛大学，这也是笔者亲身到哈佛考察、学习、交流的感悟。首先是“案例教学法”(Case method)，又称“苏格拉底式教学法”(Socratic method)，是由哈佛大学法学院前院长克里斯托弗·哥伦布·郎得尔(Christopher Columbus Langdell)于1870年前后最早使用于哈佛大学的法学教育之中，是英美法系国家如美国、加拿大等国法学院最主要的教学方法。说到苏格拉底教学法和实践教学，不能不提教科书的问题。很多英美国家的教学中，老师从来不用标准教科书，都是靠自己收集的资料讲课的，很多是打印稿，每年还在不停地修改增加，有的老师甚至不考虑出版，就是为了方便增加新东西。在苏格拉底式的案例法教学中，教科书其实没什么用处。如果仅仅是在传统教室，估计这些问题导向法、案例教学法都是要大打折扣的。记得20世纪80年代初在武汉大学读书时，许多教师上课都是发油印讲义的。印象最深的是张尧庭教授给我们上的《矩阵分析》，每次上课都会发下一节课的油印讲义，几页，但要花很多时间理解，还要读很多书才能懂的。

现实中，美国教学的风格也是如此。电影《律政俏佳人》中学生们自我介绍时，除了学位，一定要说的是自己的社会实践经历，表示自己不是个书呆子。美国法学院的课堂教学，也是以讨论案例为主。女主角的第一堂课，老师一上来就发问案例，结果毫无准备的她被轰出课堂，后来有学长帮忙，才知道法学院老师的教学方法：就是苏格拉底教学法。

（二）从传统教室模式向咖啡屋模式转变

教学方法改革的关键在于改变教师对传统教学方法的依赖。《中

国教育报》曾刊登一篇“无手机课堂”：学生不当“低头族”的文章。[①]中国大学课堂，学生上课时依然对手机恋恋不舍，低头刷微博、微信，甚至玩手机游戏也是司空见惯。有的学校辅导员、团委、教室联合执法，严厉的收手机，温和地搞出一个手机收纳袋，在课前自觉将手机关闭或静音放入袋中，下课后自行取走。同时，学校团委定期抽查各班方案落实情况，认为手机收纳袋取得初步成效。其实，这是本末倒置的方法。首先是要改变教室当前的设计功能，才能有效地改变教学方法与教学内容，才能调动学生学习的积极性，主动学习、积极互动，才是根本出路。

也有学者对教学方法与学生知识掌握程度之间做了调查，结果显示：使用讲授教学方法的老师，其学生掌握程度为 5%，通过视听教学方法的，学生掌握程度为 20%，而采用教学实践相结合教学方法，学生掌握程度达到 90%。这说明听的会忘掉，看的能记住，做的才明白。正如荀子也曾说过：闻之不若见之；见之不若知之，知之不若行之。其实，从教师中心到学生中心的教学方式的转变，如同中世纪人们接受地心学说向 15 世纪以后人们接受日心学说一样艰难与漫长。

中西方在学校教室设置上是存在差异的。一位留美学生这样介绍他留学的大学教室。单人单桌、座位不固定、可以按你喜欢的位置坐、课不同教室也不同、不同的课可以有不同的座椅的布置的、小班上课。

笔者在大学任教 30 多年的时间里，有机会到欧美几十所大学学习、考察，参观了众多教室；也到中国台湾、中国香港、新加坡等国家与地区考察，学习，特别关心这些东方国家的大学教学方法的改革。都是华人，我想看看他们的教学方法与大陆有哪些不同。

① 施剑松．无手机课堂：学生不当“低头族”[N]. 中国教育报，2015-03-20（3）.

最为明显的就是教室功能不同。港台大学教室是一个交流的地方，有不同的交流，座位就有不同的摆放方式；有不同的课程形式，就有不同的沟通方式，教室也因课程不同而设计不同；因老师不同而设计不同。至少我认为，教室应该是一个可以动嘴、动脑与动手的地方。动脑就是教室是可以有效讲授知识，借助多种媒体传授知识的空间。动嘴就是交流、互动、碰撞的过程，是审辨观点与知识的地方。动手就是通过实物验证理论知识的正确，或者借助动手把理论知识融会到实践中的空间。这种动手可以是先动手、再动嘴、再动脑，也可以是先动脑、再动手、最后动嘴。没有教室的改造，就没有大学教学方法的革命，大学变革也只能是一句空话。

恩斯特·卡西尔[①]在他的《人论》中说：“人类文化在形成渊源、发展逻辑、构建理路与目的等方面的差别，必然会融入或体现在建筑文化上。”[②]

中国大学教室建筑理念是以师为本的。虽然现在众多大学网站的招生简章上，都提以学生为本，但从大学建筑设计、教室设计上，一眼可以看出以教师为本，更准确地说，以权力为本，以行政为本。所以，大学教室几乎是千篇一律的长方形平面。教室一侧前后开门。室内布置一般分两部分，前面是教师的讲台，后面是学生的课桌。教学以教师为中心，侧重知识的传授，忽视了教师与学生、学生与学生之间的交流。这种设计思想可以说是来源于中国古代的书院。中国大学教学楼的教室，讲台设在台基之上。台基不但宽大而且比

① 德国哲学家恩斯特·卡西尔（Ernst Cassirer）曾被誉为“当代哲学中最德高望重的人物之一，现今思想界具有百科全书知识的一位学者”。《人论》是卡西尔 1944 年的一部重要作品，是最足以反映卡西尔晚年哲学思想的代表作，是卡西尔生前出版的最后一部著作，也正因为如此，该书是卡西尔著作中被译成外文文种最多、流传最广、影响最大的一本。

② 恩斯特·卡西尔 . 人论 [M]. 甘阳，译 . 北京：西苑出版社，2004.

平地高出数尺，突出了讲坛主人的中心地位与意义，产生了视觉上的凝重感和心理上的庄重感。

欧美大学教育教学理念是以学生为本。欧美许多大学采用开放教室、活动教室、蜂窝式教室等。教室均采用圆桌形排列，便于师生交流、学生交流，弱化教师中心主义。在开放式教室中，传统教室的前后之分被打破了，课桌椅的安排能使学生相互交流，学习环境显得轻松自如。有些教室与资料室、工作间、洗手间直接相连。设计时既考虑了功能性，又方便了学生的使用，充满了人情味。教室设计特别注重教室的设施可以满足学生对灵活多变的临时性空间布局和学习环境的需求。

东西方大学教室设计的区别体现东西方大学办学理念上。东方传统教育模式是注重理论学习、轻视科学实验，注重对学生共性要求的培养、抑制学生个性的发展。而在西方大学，人们崇尚个性的张扬和人格的独立，鼓励彼此之间的交流，于是学校教室的布置比较灵活。

清华大学随着教学改革的深入，教室改造也提到议事日程上来。清华现在有少部分教室，学生可以围圆桌而坐，再不是传统教室，只面向黑板、面向讲台；桌子上有足够多的电源插座，方便同学们使用笔记本电脑，摆放实验器材；椅子可以任意角度旋转，随时看向投影设备；教室一面为窗，其余三面墙均为黑板或者白板，讨论时学生能够方便地在旁边的黑板上阐述自己的观点。翻转课堂在这样的教室才能如鱼得水，合作性学习在这样的教室才能酣畅淋漓。讨论式教室的建成使用，极大地支持了主动式学习的教学改革，也越来越受到清华师生的喜爱，这也是清华支持教师进行课堂教学改革的举措之一。

我多年作为大学负责人，认识到传统大学的教学方法的问题。

于是对教师提出走动、互动、生动。走动才能脱稿，老师自己都记不住、不熟悉的内容，怎能要求学生记住与熟悉；互动，必须要有互动，没有互动，教学的针对性、教学的进度、学生理解的程度，心中无数；生动则是更高的要求。后来，我发现，没有教室功能的改变，走动、互动、生动是一句空话。所以，大学改革首先从教学方法改革开始，教学方法改革，必须从教室功能改革开始，教室功能的改革就是教室咖啡屋模式的改革，吸纳咖啡屋的本质的东西，那就是自由的、随意的、温馨的，可以自由发言、可以小范围交流自己的思想、方案的地方；可以演示 PPT 的地方。教室功能咖啡屋方式改造，就是教学方法的改革。

（三）大学图书馆：加上咖啡厅功能

大学图书馆是大学最核心的内容，只要是大学，一定有大学的图书馆，在战火纷飞的抗日战争时期，西南联大也有图书馆。但到了 21 世纪，大学图书馆的功能发生很大变化。大学图书馆嵌入咖啡屋功能就是有效利用图书馆空间的有益尝试。随着中国高等教育大众化进程的发展，众多大学的新校区都建了新的图书馆，而咖啡屋作为图书馆附加服务的中心逐渐被许多图书馆引入到室内布局中，成为图书馆建筑的新潮，也成为对图书馆学习空间进行重新拓展与利用的积极尝试。上海、广东等地区的高校图书馆已经开始构建学习共享空间的尝试，咖啡屋成为学习共享空间的一个不可或缺的构成要素。

学习共享空间 (Learning Commons)，是一个借助于网络技术实现的、以支持协同式学习和创新式学习为目的的资源集合。学习共享空间是依托快捷的互联网、功能完善的计算机软硬件设施和内容丰富的知识库，借助技能熟练的图书馆馆员、计算机专家和指导教师的共同支持的空间；是为读者的学习、讨论和研究活动提供一站式服务，培育读者的信息素养，促进读者学习、交流、协作和研究的空间；学习共享空间是由实体层（指物理空间、咖啡吧和休闲区、硬件设备、服务设施以及人力资源等）、虚拟层（由信息资源、网络软件设施等部分组成）和支持层（指信息技术、组织与管理、文化与精神）构成的空间。实体层中的咖啡屋已经作为大学生的“第二起居室”而存在。环境幽雅、设施得当的咖啡屋借助图书馆的网络环境，除了提供常见服务以外，还可参与学习共享空间的建设，成为虚拟服务和实体空间的有形载体。

20 世纪 90 年代，我第一次到中国港、澳、台的大学参观图书馆时，深为他们的图书馆为读者提供学习共享空间的建设所震动。海外大学及港台地区的大学图书馆都十分重视增加咖啡屋或者咖啡屋服务模式来迎合读者需要，以实现“以读者角度去思考，以管理者立场去规划”的理念。如增加复印、扫描、视频设备等，并将其定位于“基本服务设施”，提供开放共享的交流平台，供读者休闲阅读、信息交流。如我所参观的美国多所大学、加拿大的维多利亚大学和新加坡的五所大学，以及香港中文大学等图书馆内均设有为数不少、设施齐全的咖啡屋，在咖啡屋阅读、交流已经成为大学师生校园生活不可或缺的组成部分。

五、文学咖啡屋：救赎我们的灵魂高地

（一）咖啡屋的本质是文学

葡萄牙作家萨拉马戈在《诗人雷伊斯逝世那年》以咖啡作为告别生命的礼物：“如果还有一小时生命，我愿意用来换取一杯咖啡。”

许多散文描写文学咖啡屋与文人的关系互动，几乎囊括欧洲东西南北的重要咖啡屋。

希鸿咖啡屋在西班牙首都马德里，从 1888 年创业迄今，走过了 127 年的历史。希鸿咖啡屋，它陪伴西班牙走过当代、近代文学的重要阶段：19 世纪末“白银时代”的写实文学，20 世纪二三十年代诗全盛时期的“黄金世纪”，更不用说战后小说和后佛朗哥时期百家争鸣的新文学。内战爆发前夕，咖啡屋空前拥挤，文人齐聚喝咖啡，彼此取暖，亦互道珍重；内战后读书会繁荣时期，咖啡屋成为文友先睹为快、朗诵传阅作品的实验室；也是读者可以不期而遇，见到心仪作家的必经之地。正因希鸿咖啡屋是一个不需要约定就可以约会的地方。希鸿咖啡屋成为西班牙文学的温床。

法国人曾对外国旅行家做过一个调查，被问及巴黎最吸引人之处是什么时，许多人的回答不是卢浮宫、埃菲尔铁塔等风景名胜，而是散落在巴黎大街小巷的咖啡屋。咖啡屋与法国文学紧密相连，巴黎有不少咖啡屋因文学艺术而闻名天下。有评论家甚至说，是咖啡屋造就了法国近现代文学史。巴黎最为著名的文学咖啡屋是花神咖啡屋。花神咖啡屋以接待文化艺术界人士而闻名于世，至今已有 100 多年的历史。毕加索、萨特都在那里喝过咖啡。除此之外咖啡屋与文学渊源颇深，甚至还有文学奖学金，并且在二楼上为得奖者保留专用座位一年，并且在咖啡屋内永远陈列一只刻有得奖者名字的咖啡杯。20 世纪 50 年代，萨特与西蒙·波伏娃这对一生分开住的“存在主义伴侣”，常到花神、玛歌咖啡屋喝咖啡，两人各据一张桌子，烟不离手，各自写各自的文章。当年的这些“文艺青年”曾是咖啡屋内不可或缺的一部分，他们在这里交谈切磋，相互影响，思想和激情常常碰撞出灿烂的文学火花，创作出不同凡响的艺术作品。

俄国文学家普希金，1837 年 2 月 8 日（俄历 1 月 27 日）正是在彼得堡位于涅瓦大街 18 号的文学咖啡屋做了小憩并喝完最后一杯咖啡后，而直接奔赴决斗地点“小黑河”的。不仅如此，莱蒙托夫、陀思妥耶夫斯基、舍夫琴科等人也经常是这里的座上客。今天，文学俱乐部“文学咖啡”即设立于此。这是一座二层建筑。一楼有普希金蜡像：他坐在桌前，手执羽毛笔，正在构思新诗行，桌旁还放有一顶他的黑色大礼帽。直到 200 年后，这座外表看起来一点也不起眼的咖啡餐厅依旧是人们来到彼得堡后计划寻觅的对象，而关于普希金那段为了爱情不惜牺牲生命的往事更是被人们津津乐道。

中国台湾的文学地标是台北的具有文学或者人文关怀的咖啡屋——明星咖啡屋。1950 年起，明星咖啡屋逐渐成为文人聚集的圣地，三毛、黄春明、林怀民、白先勇、陈若曦等人是这里的常客，《现代文学》《创世纪》《文学季刊》等文学刊物，也都曾在此编辑讨论。从那时开始，这里竟成了台湾文学的传奇地标。

明星咖啡屋的骑楼有诗人周梦蝶的书摊，也吸引了更多的文人来访，浏览书摊并拜会文友，然后再到明星咖啡屋喝杯咖啡，这成为当时许多文人的例行享受。那时的青年人一味追求现代思潮，白先勇的《现代文学》从始至终就表现了对现代文学的热情，介绍诸如卡夫卡、加缪、亨利·詹姆斯、福克纳、托马斯·曼、贝克特等现代作家，期望能汲取新的文学形式和精华以改造台湾文学。这一群文友或大学生，也喜欢在明星咖啡屋谈论存在主义哲学，试图确立自己“存在”的意义。

民国时期的上海，一定是与咖啡屋联系在一起的。张爱玲笔下流出的许多精致俏丽的故事都出自她楼下的咖啡屋。经典作品《倾城之恋》便是其中之一。如今，这一整座公寓已变成千彩书坊咖啡屋。推开大门，迎面而来的是整面书墙，墙上贴着的是张爱玲的照片，书架上满满陈列着的，也都是她的作品。

进入21世纪，中国新生代创业时期，也出现文学与咖啡屋一体的尝试。比如，新清华学堂的西南角，有一家拾年咖啡屋，为经管校友留学归国后所建。咖啡屋静静地坐落在十字路口的拐角，松林掩映，青草碧绿。咖啡屋被木质的栈道和栅栏围绕着，露台门前种着各色小花，一派晴朗的北欧田园风光。店内陈设着美术学院的油画作品和手工艺术品，桌椅设计厚重而简洁，大片亚麻色的窗帘倚着修长的窗户垂落下来，朴素的水泥地面下是贴心设计的地暖，精巧丝毫不露痕迹。在这样精心布置的小楼里，点一杯拾年咖啡，从高到天花板的书架上取下一本书，伴着暖黄色的灯光阅读，整个身心都沉静了下来。取名拾年，因为每个人都有一段回忆，每个人都想要弯下腰，拾起旧日的年华，那曾经的书声琅琅，曾经的风华正茂……

还有浙江大学的西溪人文咖啡屋，与其说这是一家咖啡屋，倒不如说这是谁家的书房。坐落于僻静的图书馆一楼，它的正前方是一片绿色的草坪，通往咖啡屋的路由一些碎石铺成，斑驳的橘黄色砖块镶嵌起咖啡屋的四壁，小木屋的门脸极易辨认。咖啡屋四周书架上摆放着校友们捐赠的书籍，还有嫩绿的植被，几幅色彩鲜艳的抽象画挂在墙上。简约的风情与木质桌椅是这里的特色，书香、咖啡香是这里的味道，越品越浓的气氛是这里的精髓。

西溪人文咖啡屋最大特点就是人文气息浓厚。无论是教授还是学生，在这里，他们都能找到属于自己的栖息地，享受安静的读书环境，享受心灵的自由与解脱。这里每年都会举办许多读书会、文化沙龙。这里，有浙大同学的生日派对、迎新晚会、毕业晚会；这里承载着同学、老师们的集体情感与人文理想；这里，激发了师生的学术火花，校友们的共同回忆。

（二）当今绝大多数咖啡屋里只有咖啡、没有文学

中国社会从一个安贫乐道的前工业时代，严格来说还是一个农耕时代，按官方说半殖民、半封建的时代，通过“文化大革命”与30多年的市场经济洗礼挤进了工业社会。中国工业时代突飞猛进，导致传统的礼仪之邦，礼崩乐坏，精神失明，物欲冲天。人们为先富起来不择手段。罗素曾说：贫穷最可怕的后果是让贫穷扭曲了自己的思维。穷了几千年的中国人自然容易扭曲自己的思维，走上另一个极端，把一生的精力花费在挣钱上。在这个改革开放30多年的时代，原始积累使中国人物欲膨胀，人心贪婪。正如马克·吐温所说，如果金钱在向我招手，那么无论是《圣经》、地狱，还是我母亲，都绝不可能使我转回身去。这正是对当今中国人心态的精准描绘。

《人类简史：从动物到上帝》[①]的作者尤瓦尔·赫拉利说，我们古老的祖先智人，在定居下来成为农民之前，过着的是狩猎采集的生活，我们想象之中人类社会的发展必是越来越富足和快乐，然而也许并非如此。狩猎采集的时代，智人人数稀少，然而每一个人所掌握的生存技能的多样性超过人类史上任一时代，智人为了生存，一天2—3小时的劳动时间即可，然而定居成为农民之后，食物总量增加，人口增加，劳动时间同样也随之增加，智人被牵绊在土地上，从此与苦累做伴。这时的智人就像那些被其驯化的动物，就物种繁衍上来说大获成功，而在个人的幸福上却未必如此。而类似的事情现在何尝没有发生？“世界那么大，我想去看看”，进化的缓慢让我们还拥有着远古先民的大脑，想要四处去流浪，然而“钱包那么小，哪也走不了”，每一个人又都为自己的工作所牵绊，总有新的需求

① 尤瓦尔·赫拉利．人类简史：从动物到上帝[M].林俊宏，译．北京：中信出版社，2014.

和欲望让我们在高强度的工作节奏中郁郁沉沦。

赫拉利还提到互联网时代的邮件通讯更便利，更节省时间，结果导致我们花费更多的时间耗费在毫无意义的邮件的写作与回复之中。

金钱依然如此。当金钱在达到一定量之后的再增长并不能带来更多的幸福。其实，作为生命个体的人来说，生命不过是不满百年的历程。可是当我们追逐名利和享乐的时候，已经忘记了自己来时的路和回家的路了。最初，或许我们只是为了维系生计和生存，为了家人朝九晚五地工作、活着、养家，但在挣钱养家的惯性中，我们忘记了生命的本质，把挣钱、致富作为生命的本质，丧失了人的基本理智，和谐被破坏了，爱心枯竭了，文学丧失了。

当人们心中只有财富、只为挣钱致富时，自然就会与权力结合起来。不仅商人，还有我们的学者与作家。法国著名文化理论大师福柯认为，在我们这样的生活中，基本上也是在任何生活中，有许多种权力关系渗透到社会肌理中，确定其性质，并构成这一社会肌理；如果没有某种话语的生产、积累、流通和功能发挥，那么这些权力关系自身就不能建立、巩固并得以贯彻。权力无法逃脱，它无所不在，无时不有，塑造着人们想用来与之抗衡的那个东西。所以，我们创造供我们生存的物质世界时，一定不能丢掉我们的精神世界；我们在求得生存与发展时，我们在创新、创业的过程中既要防止作为资本的附庸，也要防止作为权力的婢女。我们在咖啡屋，借助文学救赎我们的灵魂。

（三）文学咖啡屋：灵魂的救赎之地

亚当·斯密在1776年出版《国富论》不久，就完成了他的《道德情操论》。他指出，市场经济体系下，人们无可厚非地在追求物

质利益的同时，也要受道德概念的约束。“不要去伤害别人，而是要帮助别人”，这种“利他”的道德情操需要永远地植根在人们的心灵里。而且每个人对这种人类朴素情感的保有和维持对整个市场经济的和谐运行，甚至民族的强盛将是至关重要。①

《道德情操论》告诉我们一个道理，社会如果人人都只追求个人利益将会引发灾难性的后果。正如前文所言“……如果一个社会的经济发展成果不能真正分流到大众手中，那么它在道义上将是不得人心的，而且是有风险的，因为它注定要威胁社会稳定。”②人是复杂的，人不仅有私欲，也应当有情操。无论人怎样自私，他都有一种“关心别人的命运，把别人的幸福看成是自己的事情”的本性。人与人之间建立起相互联系的关系网络，并用道德美德约束，方可维持其稳定，促进人类社会发展。以亚当·斯密来看，正因为人类懂得感同身受，拥有普世之爱，所以人才区别于动物；正因为守望相助，前人为后人栽树，小我为大我牺牲，社会道德约束下的人类社会才得以在恶劣的生存条件下存续至今。

1976年诺贝尔经济学奖得主米尔顿·弗里德曼曾说：“不读《国富论》不知道怎样才叫‘利己’，读完《道德情操论》才知道‘利他’才是问心无愧的‘利己’。”对于处于转型期的我国市场经济而言，这有着重大意义。在这场变革中每个个体都应当从更深层次去了解人性和人的情感，注重经济发展的同时不能忽视协调发展。尤其需特别重视社会公平与正义，防止公正这一杠杆的倾斜，动摇社会安定。

一位网友对文学作用的总结为，“离开了文学，任何人当然都能生存下去，这是文学最大的无用；但离开了文学，人类的精神无法高贵，这是文学永远的作用。”我们也可以这样理解这句话，离开了文学，咖啡屋就没有文化，咖啡不过等同于其他饮料一样，不会

①② 亚当·斯密．道德情操论[M]．谢宗林，译．北京：中国人民大学出版社，2006.

让人如痴如醉，有了文学，咖啡屋才涌现出不同一般的咖啡文化，成为人们生命之中的第三空间。因为，文学可以使我们精神世界和灵魂世界越来越富足，使我们能够自觉地实现精神和灵魂意义上的皈依。

咖啡屋是一种沟通、是一种留念、是一种依赖，文学也是如此，文学也是一种沟通。咖啡屋本质也可以理解为文学。文学又不仅是一种沟通，也是一种挽留，是对人们酸甜苦辣的经历的挽留，是对青春岁月、一切美好的一种挽留。生活中有多少热爱、就有多少冷淡，有多少浪漫、就有多少庸俗，有多少善良、就有多少恶毒。而在文学中，即使你泪如雨下，也会有种痛快的感觉。

因为，文学常常超越利益驱动而存在，对人的心灵产生震撼，对人的灵魂起到净化和救赎的作用。我们是有幸的，因为面对缭乱的商业时代，我们不乏对社会历史和当下现实有清醒的认知，并富有使命感和责任感的作家，还有把文学与咖啡结合起来的创业家与商人；把身心结合起来的咖啡屋，把生存与超越结合起来的地方——文学咖啡屋。

人是经济人，也是社会人。我们需要钱，也需要唐诗宋词。社会需要比尔·盖茨、乔布斯，也需要但丁、歌德、莎士比亚、托尔斯泰、屈原、苏轼。我们需要咖啡，也需要文学，更需要文学咖啡屋。没有意大利的文艺复兴，就没有法国的科学革命及英国的工业革命。没有 20 世纪 80 年代的文学思潮，没有对前 30 年的文化和思想禁锢的反叛，就不可能有思想的解放、人性的解放、身份的解放，就没有创新、创业的人们，就没有 30 多年的经济成就与社会发展。

丘吉尔曾在国会一次发言时讲过这么一句话：我宁愿失去一个印度，也不愿失去一个莎士比亚。俄罗斯每一届政府首脑要上任时，都要用手按着普希金的诗作发表誓言。因为他们相信，只有文化才可以改变民族的精神。文学是一种心灵之学，一种修养之学，只要人类还存续，只要人类还需要仰望星空。现代人由于工作紧张，很容易形成焦虑感。从心理学的角度来看，焦虑是精神长期抓住某些事件不放。所以，如何减少焦虑感成为一个重大问题。要减轻焦虑，就要把注意力转移开，文学是医治焦虑最好的良药。

此外，哈贝马斯认为，咖啡屋首先是文学批评的中心，在这样的批评过程中，一个介于贵族社会和市民阶级知识分子之间的有教养的“中间阶层”开始形成。在欧洲，咖啡屋的社会功能尤为显著和关键。以法国为例，狄德罗为首的知识分子常常聚集在“普罗寇普”咖啡屋里筹划撰写《百科全书》，学术界泰斗都因该书而云集于咖啡屋，包括思想家伏尔泰、孟德斯鸠、卢梭、内克等。1840 年代，马克思和恩格斯两人也经常在巴黎咖啡屋里碰头聚会，拟定并撰写《共产主义宣言》。这些塞纳河“左岸”咖啡屋里知识和思想的熏陶，直接影响了后来“右岸”咖啡屋里的政治运动。此外，现代艺术的发端与艺术家对咖啡屋空间的迷恋也有直接关系。毕加索、梵高、莫奈等都曾经把漫长的时间放在咖啡屋里。相较之下，咖啡屋在东亚地区的发展似乎不具备广泛的影响力，但是在华人世界，咖啡屋也有过如公共空间的传播功能或历史。我们需要中产阶层，所以，我们需要咖啡屋，更需要文学咖啡屋，或者人文咖啡屋。

第四章

咖啡屋：创意对话的空间

一、咖啡屋：创意团队跨界对话的空间

不论是科学领域的新发现，还是创意的产生，或是创业方案的形成，其实都是团队对话的结果。到咖啡屋去就是组建一个具有创造力的团队。这个团队不一定有层次、有目的，但这个团队成员的跨学科，多视角对创意、创新是有极大意义的。海森堡说，“科学从根本上植根于对话之中”。[①]科学不是孤立的实验室劳作，而是一群特殊人群之间的独特的对话；如果说语言是思想的外衣，那么这种对话反映的是这类对话团队的独特思维方式。可以说，科学发现源于对话，源于团队的对话。当然，这种团队的对话，必然要求这个团队是一个创新的团队，创新活动是置于这个团队环境中的对话，要求这个创新团队具有最佳的智力结构。包括专业能力因素、年龄能力因素与能力特点，要素不仅齐全，并且要有一定的差异。各个个体的智力结构都有其所长，特别是具有求知欲、洞察力、沟通力与意志力，这样才能使创新群体起到智力放大器的作用。这个创新团队是个体智力的放大器，群体的智力结构的智力效应大于组成该群体各成员个体的智力效应之总和。

纵观科学史，科学发展是以突破为主线的。可以说，没有科学突破，就没有科学革命，就无所谓科学。爱因斯坦的相对论是对牛顿力学的突破，哥白尼的日心说是对托勒密的地心日动说的突破，

① R.Keith Sawyer. 创造性：人类创新的科学 [M]. 师保国等，译 . 上海：华东师范大学出版社，2013：7.

伽利略的运动理论是对亚里士多德的运动理论的突破，拉瓦锡的燃烧理论是对施塔尔的燃素说的突破，进化论是对物种不变论的突破，量子论是对古典辐射理论的突破，大陆漂移板块构造理论是对海陆固定论的突破，平行宇宙理论、弦论是对爱因斯坦的相对论的突破等，这种突破就是对话，就是后人与前人的对话，晚辈与前辈的对话，后起理论与前期理论的对话。中国著名科技史家席泽宗院士说得好："学术研究当然不能没有交流，学术对话就是一种很好的学术交流"。①

办公室也是一个对话的空间，但这个对话严格来说更多的是上对下的指令，是领导对员工的要求，是思想统一，是语言整齐划一，是绝不允许突破。或许是民族性使然，中国人似乎不太愿意对话，甚至十分害怕对话。因为，对话意味着有问题，意味着有矛盾，意味着上下观点相左，意味着有人揭短，意味着不和气，意味着冲突，甚至意味着将爆发激烈的斗争。

特别在官场上是不容许这种对话的，或者说，官场不是一个对话场。官场是等级服从，下级服从上级。只要体制内，那么就得恭恭敬敬，要么，走出体制。因此有识之士提出大学不是行政机构，大学要去行政化。中国现在有钱、有人才，但没有平等的对话机制与对话空间，不论政府怎样提倡"大众创业、万众创新"恐怕也是十分艰难的。

所以，没有对话就没有创意、创新，现在不仅需要对话，而且是迫切需要对话，没有对话就没有创意、创新与创业的活动。这也就是为什么中国缺乏科学发现、缺乏原创性的技术、产品与设计。对话，是创意、创新中必不可少的先决条件和重要手段。于是，新

① 侯样祥．传统与超越——科学与中国传统文化的对话 [M]. 南京：江苏人民出版社，2000：5.

生代就有到咖啡屋去平等对话，寻求创意、创新的火花的渴望。

咖啡屋具有对话的功能。因为咖啡屋是学科内或者跨学科的对话，是平等的对话，是带着有准备大脑的对话，是理性思维后的感性对话，是左脑研究后的右脑直觉的对话，是线性、逻辑研究后的非线性对话，是确定性方向后的交叉点的不确定方向的对话；是后人与前人的对话，晚辈与前辈的对话，后起理论与前期理论在咖啡屋的持续对话。

科学对话中最为精彩的应该是跨界（Crossover）的对话。跨界的原意是跨界合作，指的是两个不同领域的合作，现在跨界的外延更加宽泛。打破原有框架，跳出熟悉的位置，穿梭于不同领域的行为都称为跨界。跨界的作用是将原本不相干的领域或者元素，相互渗透、融汇，带来新的观点或生活方式，帮助品牌跨出本领域，跳出竞争困境，寻找拓展的蓝海。从本质上来讲，跨界不是发明，而是创新和创意，它强调的是方法。跨界的使用面非常广泛，有产品跨界、服务跨界、设计跨界、情感跨界、品牌跨界、促销跨界等。跨界也不等于创新，而是创新的一种形式。它是通过旧元素的新组合、联接、逆向，寻求共同价值等手段实现增长目标。①

跨界的对话、跨领域对话可以带来全新的领域、全新的学科、全新的行业与全新的市场。跨界就是突破原有行业惯例，通过嫁接外行业价值或全面创新而实现价值跨越的品牌行为。跨界是对专业化的一次反叛，它让原本毫不相干的领域或元素，相互渗透、相互融汇，带来新的观念或生活方式，帮助品牌跨出本领域，跳出竞争困境。②

---

① 蓝色创意跨界创新实验室．跨界[M]. 广州：广东经济出版社，2008：6.

② 柳军等．跨界改变中国[M]. 广州：广东经济出版社，2008：25.

二、咖啡屋：创意对话的流动时空

法国民谣所说的，我不在咖啡屋，就在去咖啡屋的路上，对科学研究来说，对创意、创新来说，似乎可以改成，我不在实验室，不在图书馆，就在去咖啡屋的路上。

其实，没有专业的基础，没有日积夜累的思考，实际上就不可能有创意、创新的灵光乍现。灵感的产生不过是创新的一部分，甚至是很小的一部分。比如，晶体管的诞生其实就是长时间的积累和改进。第一代的晶体管本身并没有带来太大影响，但通过研究者和工匠们持之以恒的微创新，才让它给我们的生活带来了革命性影响。摩尔定律带来的低计算成本，是 PC 革命和移动革命的根本驱动力之一。但是摩尔定律依靠的不是飞跃性的革新，而是众多创新的积累。如果不学习数学规则，他也不可能在数学领域做出贡献。再如，我们不能把女士的教养与才智说成是创造力。富有创造力的优秀人才都受过良好的训练。他们首先具备了相关领域的大量知识。其次，他们尝试将观点结合起来。[①]

这种创意、创新与创业的过程不仅是团队的对话，也是一个理性与感性的双重交替的对话过程。理性使得我们的创造性是在有意识的、深思熟虑的、聪明的、理智的头脑中产生；而感性则使创造性产生于非理性的无意识，理性思考只会干扰创造过程。2300 年前，亚里士多德对艺术的观点强调理性的深思熟虑，并强调实现创造性灵感需要有意识的工作。浪漫主义相信，创造性需要回归以情感和直觉为特征的意识状态，达到自我与世界的融合，以及从理智与传

① 米哈里·希斯赞特米哈伊．创造力：心流与创新心理学［M］．黄钰萍，译．杭州：浙江人民出版社，2015：47.

统中获得自由。[①]

在我们传统的教育模式中，创造力是某种心智活动，是一些特殊人物头脑中产生的真知灼见，然而这种观点具有误导性。认为天才必须经历磨难才能发明、发现、创意、创新。实际上，支持它的数据来自孤立的、非典型的历史时期。比如，陀思妥耶夫斯基和托尔斯泰所表现出来的病态，更应该是由于俄国濒于崩溃时不健康的社会所引发的个人苦难，非创意工作的要求。创造力不是发生在某个人头脑中的思想活动，而是发生在人们的思想与社会文化背景下的互动。[②]咖啡屋是时尚之地，不仅是消费时尚，也是科学时尚之地。

脑科学家发现，人的大脑是左脑负责逻辑思维，右脑负责形象。1981 年的生理学诺贝尔奖获得者之一，美国医学生理学家斯佩理教授 (S. R.Wolcott) 发现，左脑的最大特征是管理“语言中枢”，负责理解语言及数字计算。它能将复杂的事务细分为单纯要素，有条不紊地进行条理化思维，也就是逻辑思维。右脑负责鉴赏绘画，观赏自然风光，欣赏音乐，凭直觉观察事物，纵观全局，把握整体，简言之，右脑是管形象思维的。这就是为什么科学家与研究者，需要到图书馆去收集资料与苦苦研读文献，但许多发现并不在图书馆。这是因为，图书馆是负责左脑思维的，而发现，创意是在左脑理性思考的基础上进行右脑思维的。可以把图书馆比作左脑思维的空间，而把咖啡屋比作右脑思维的空间。

我们知道，图书资料对人的创新活动有非常重要的作用。一个人要进行创新，必须继承前人的创新成果，这些成果大部分是以图书资料的形式保存起来的。现代科学知识发展速度非常快，据美国

---

① R.Keith Sawyer. 创造性：人类创新的科学 [M]. 师保国等，译 . 上海：华东师范大学出版社，2013：427.

② 米哈里 · 希斯赞特米哈伊 . 创造力：心流与创新心理学［M］. 黄钰萍，译 . 杭州：浙江人民出版社，2015：22.

科学基金会统计，现代一个科技工作人员用在调查阅读图书资料上的时间占全部科学创新时间的 50.9％，而其他的，如设计、思考的时间占 7.7％，实验和研究的时间占 32.1％，写论文、报告的时间仅占 9.3％。由此可以明显看出，查找资料的工作占个人创新活动的 1/3 ～ 2/3 时间和精力。如何缩短这部分时间，对创新活动的总时间和效率有很大的影响。但是，仅仅有左脑思维，有图书馆的资料阅读与研究，即仅有理性思维是不够的，高质量的图书馆的阅读与研究是人们进行创新活动的前提和必要的条件，但还不能说是充分条件。

绝大多数的创新性工作都需要左脑思维与右脑思维的有机结合。美国著名教育家兰本达教授在她的《物理学家是怎样工作的》一书中是这样描述的："理论物理学家，在他们的生活中长达几周甚至几个月，确确实实坐在那里冥思苦想。他们要阅读所有与他们的课题有关的资料，要简明扼要地与实验物理学家交谈，还要和其他理论物理学家进行切磋探讨。经过各方面长期的实践检验，那令人难忘的日子、难忘的时刻终于来到了。在那一瞬间，茅塞顿开，所有的疑点都有了归宿。物理学家们欢欣鼓舞，惊叹不已：'哎呀！理所应当，多么明显！'但是直到那一瞬间，这一切对世人来讲并不是明显的。"①

量子论之父马克斯·普朗克在其自传中指出：创新性的科学家必须具备"对新观点的一种活跃的直觉想象力，这些新观点不是演绎得出的，而是通过艺术家一般的创造性想象而得出的。"②

① 兰本达．物理学家是怎样工作的 [M]. 北京：人民教育出版社，1990：70.

② T.R. 布莱克斯利．右脑的奥秘与人的创造力 [M]. 北京：国际文化出版社，1988：39.

三、咖啡屋：创意的微环境

有不少作家说，我喜欢咖啡屋里的情调，它完全能充当一个作品摇篮的角色。但迄今为止，关于自然环境对创新性的影响，还没有人进行过专门的研究，只是传说某些创新性人物常常要在稀奇古怪的自然环境里才能更好地工作。据传，席勒在他办公桌的抽屉中放着已腐烂的苹果，因为烂苹果的香味使他能集中注意力创作诗歌；英国作家狄拉麦尔在写作时总是叼着雪茄；约翰逊 (R. Johnson) 工作时需要“喵、喵”叫的小猫、橘子皮和大量的茶；卡莱尔 (T. Carlyle) 和普鲁斯特 (M. Proust) 则需要隔音的工作室。尽管缺少关于适当的光、声、味等对创新行为影响的资料，但还是有文献说明环境中视觉暗示效果。现实中，富有创造力的人所生活的时空背景经常被忽视。从多个角度看，适当的环境很重要，它能影响新颖事物的产生，还能影响新事物被接受的程度。因此，难怪富有创造力的个体会被充满活力的城市吸引。①

创意、创新是需要环境的。包括所有宏观环境和微观环境。从较广泛的背景看，不言而喻，一定量的过剩财富是必需的。创造力的中心，比如鼎盛时期的雅典，10 世纪的阿拉伯城市，文艺复兴时期的佛罗伦萨，15 世纪的威尼斯，19 世纪的巴黎、伦敦和维也纳，以及 20 世纪的纽约，都是富足的、面向全世界的。它们成为文化的十字路口，来自不同文化传统的信息在这里汇集。②

此外，由于信息并非在空间中平均分配，而是在不同的地理节

---

① 米哈里·希斯赞特米哈伊 . 创造力：心流与创新心理学［M］. 黄钰萍，译 . 杭州：浙江人民出版社，2015：122.

② 米哈里·希斯赞特米哈伊 . 创造力：心流与创新心理学［M］. 黄钰萍，译 . 杭州：浙江人民出版社，2015：132.

点上汇集。适合的地点可能有助于激发创造力。新奇的刺激并非平均分布的。某些环境能够提供更多的互动机会、更多的刺激以及更先进的观念，因此相对于比较保守和压抑的环境，倾向于打破传统的人更乐意去开放的环境尝试新奇的事物。①

当进行有意识的思考时，思维被强制沿线性的、符合逻辑的，因此也是可预测的方向前行。然而在喝咖啡、散步时，自己的注意力会聚焦于咖啡屋的色调、设计、音乐与朋友的沟通上，部分大脑空闲下来进行平常不会进行的联想。打个比方说，这种大脑活动发生在后台，我们偶尔才会意识到它。由于这些想法没有处在注意力的中心，因此它们可以自行发展。

四、咖啡屋：数学发现及布尔巴基学派诞生的摇篮

法国人的日常生活离不开咖啡，如果哪天他们生活中少了咖啡，那么他们一定会比没了阳光和奶酪还要无精打采。咖啡对他们来说不仅仅是一种饮品，而是隐含在咖啡屋后面的丰富的文化。有人曾把咖啡屋比作是法国的骨架，说如果拆了它们，法国就会散架。徐志摩也说过，“如果巴黎少了 咖啡屋，恐怕会变得一无可爱。”②

咖啡屋与数学家存在天然的联系，许多重大数学发现与数学家的产生与咖啡屋有千丝万缕的联系，咖啡屋几乎成为数学家的摇篮与数学发现的孵化器。

最有名的数学发现发生在波兰的苏格兰咖啡屋。在国际数学界，

① 米哈里·希斯赞特米哈伊．创造力：心流与创新心理学［M］．黄钰萍，译．杭州：浙江人民出版社，2015：124.

② 野夫．法国人与咖啡文化［J］．科学大观园，2008（24）．

20 世纪 30 年代中期的波兰，由教授和青年学者组成的利沃夫学派，在 1935 年到 1941 年期间，把苏格兰咖啡屋作为学术讨论的集聚地，在历次聚会中提出的 193 个数学问题，被称为苏格兰咖啡屋数学。波兰著名的数学家巴纳赫与乌拉姆是某数学派的主要成员，他们非常喜欢泡咖啡屋，一泡就是十几个小时，就连数学上的“巴纳赫空间”和“巴纳赫代数”概念，都带着咖啡的味道。他们奋笔疾书，在桌面上用铅笔写满了高深的数学公式。咖啡屋老板看见了，很心疼自己的桌子，但又不想得罪客人，于是，老板事先准备好一个本子，等数学家们来时连同咖啡一起放在咖啡桌上……最后形成了流传至今、世界知名的《数学探索——苏格兰咖啡馆数学问题集》。①本书收集的 193 个数学问题涉及泛函分析、无穷级数、实变函数、拓扑学、群论等领域,从这些问题可以探索一些学科（例如泛函分析）的历史渊源等。

很多国外数学家都喜欢在咖啡屋里讨论数学，特别是那个传说中的布尔巴基学派。布尔巴基学派有在咖啡屋诞生并成长的数学学派。布尔巴基学派是一个对现代数学有着极大影响的数学家的集体。其中大部分是法国数学家，主要的代表人物有魏伊、迪多涅、嘉当、薛华荔等人。布尔巴基学派对数学的主要影响在于他们首先引进了数学结构的概念，并用这个概念来统一数学。正是这个体系，构成了现代数学的核心。布尔巴基的结构主义观点，在 20 世纪五六十年代盛极一时，并且是战后的数学文献中被人引用次数最多的书籍之一。布尔巴基学派的思想及写作风格成为青年人仿效的对象，很快地“布尔巴基的”便成了一个专门的名字风靡了欧美数学界。②1934 年 12 月 10 日，星期一，这群青年数学家（至多 30 岁）举行了他

① R.D. 莫尔丁 . 数学探索——苏格兰咖啡屋数学问题集［M］. 成都：四川教育出版社，1987.

② 莫里斯・马夏尔 . 布尔巴基：数学家的秘密社团［M］. 胡作玄，王献芬，译 . 长沙：湖南科学技术出版社，2012.

们的第一次工作会议。地点在巴黎拉丁区万神殿附近的卡普拉德（A.Capoulade）咖啡屋。[①]

咖啡屋扮演着与数学系的缓冲制衡的角色。数学系作为正规的学校机构，有时难免缺乏灵活机动的能力，这时咖啡屋的作用就体现出来了。比如要邀请一个新人数学家，正规机构对此可能会有所顾虑，那就可以先请他去咖啡屋谈谈自己的想法，假若牛人都能够认同他的时候，这样顾虑也就不复存在了。假若我们的数学家在大学机构里受到了不公正的待遇，那么也可以在咖啡屋内寻求援助，有那么多牛人在那边，既可以给大学机构施加压力，又可以直接跳槽到其他大学或研究所去，这就使得我们的正规机构必须要想方设法地讨好数学家，免得他们被其他地方给挖过去。

Strongart 写了一篇关于数学系与咖啡屋的博客。在这篇博客中他指出数学系与咖啡屋的关系，并构想咖啡屋替代数学系的设想及咖啡屋与数学系互补的运营模式。他说，既然数学家的成果大多是在咖啡屋里讨论得到的，那么还要大学机构干什么呢？并提出咖啡屋与大学数学系互补的运营机制。咖啡屋为数学家提供学术交流的良好环境，然后大学数学系花钱把数学家的成果买到他们名下，最后数学家用所得到的部分收入去咖啡屋进行消费。在原先的数学系与数学家的二元结构中，假若数学家被数学系抛弃，就难免会进入孤立的境地，现在则有了咖啡屋进行制衡，数学系和咖啡屋少了一个关系不大，但要是少了数学家就直接没内容了，这样人的价值就得到了充分体现。

他在博客中接着回应留学生可能会提出的疑问，为什么我们就没注意到咖啡屋的存在呢？他的回答是，可能是中国学生比较在乎

① 莫里斯·马夏尔．布尔巴基：数学家的秘密社团 [M]. 胡作玄，王献芬，译．长沙：湖南科学技术出版社，2012：5.

正规的环境，咖啡屋地方又不能加学分升职，也就被视为是旁门左道。即便偶尔好奇去了一次，说不定还不会太受欢迎，咖啡屋不像数学系大楼要照顾学校的利益，也就更加容易个人情绪化。一般咖啡屋里的人都受过大牛的熏陶，看到一个黄皮肤的小子正在那里背书，乃至于还特别强调自己发了多少论文，也许就会叫他滚回数学系写论文去吧！结果你说他们是疯子，他们还笑你是傻子，回国后自然也就不好意思再提这事了。他感慨地说，可惜就国内而言，咖啡屋文化才刚刚起步，一般只有在大城市才有个新开的“很多人咖啡屋”。要能够达到吸引数学家的层次，恐怕还有一段时日，因此就只能靠数学家的个人能力，来与我们的那个挂着牌子的数学系进行制衡了啊！①

探讨了咖啡屋与数学发现之关系，我觉得有必要深入探究一下数学对人类文明的重要意义，改变社会对数学的偏见。爱因斯坦说：创造性原则寓于数学之中。20 世纪杰出的数学家，哥廷根学派重要成员 R. 柯朗（Richard Courant）指出：“数学，作为人类智慧的一种表达形式，反映生动活泼的意念，深入细致的思考，以及完美和谐的愿望，它的基础是逻辑和直觉，分析和推理，共性和个性。”②

没有人怀疑数学是文化的一部分，但偌大的“文化”，却往往将数学排除在外。当然，从人数看，数学家在文化人中顶多占一个测度为零的空间。但是，数学的每一点进步都影响着整个文明的根基。③比如，人类发现了勾股定理才开始认识自然；发现了黄金分割

① Strongart. 数学系与咖啡屋 [EB/OL] [2015-11-20]. http://blog.sina.com.cn/s/blog_486c2cbf0102ea9x.html.

② R. 柯朗，H. 罗宾 . 什么是数学：对思想和方法的基本研究 [M]. 左平等，译 . 上海：复旦大学出版社，2005.

③ 莫里斯 · 马夏尔 . 布尔巴基：数学家的秘密社团 [M]. 胡作玄，王献芬，译 . 长沙：湖南科学技术出版社，2012：1.

率才能找到最美妙的点；发现二进制，计算机时代才能有千年回归；发现圆周率，人类的目光才能从地球到星空；发现函数，才能把文字变成图形和数字直观表达；正是微积分成为直线与曲线、静止与运动、有限与无线、精确与近似的桥梁，成为了工业革命的基石。

最为重要的，数学作为现代理性文化的核心，提供了一种思维方式。这种思维方式包括：抽象化、运用符号、建立模型、逻辑分析、推理、计算，不断地改进、推广，更深入地洞察内在的联系，在更大范围内进行概括，建立更为一般的统一理论等一整套严谨的、行之有效的科学方法。按照这种思维方式，数学使得各门学科的理论知识更加系统化、逻辑化。

《几何原本》就是一个将我们生存的经验系统化、逻辑化的完美标本与典型案例，也是中华民族最为短缺的思维与表达方法。我们知道，《几何原本》一书，将在它之前希腊几何积累起来的成果归纳在严密的逻辑系统中，使几何学成为一门独立的、演绎的科学。所以，数学的对象必须有明确无误的概念，而且其方法必须由明确无误的命题开始，并服从明确无误的推理规则，借以达到正确的结论。通过纯粹的思维竟能在认识宇宙上达到如此确定无疑的地步，当然会给一切需要思维方法的人以极大的启发。人们自然会要求在一切领域中都这样去做。正是因为这样，而且也仅仅因为这样，数学方法既成为人类认识方法的一个典范，也成为人在认识宇宙和人类自己时必须持有的客观态度的一个标准。就数学本身而言，达到数学真理的途径既有逻辑的方面也有直觉的方面，但就其与其他科学比较而言，就其影响人类文化的其他学科与部门而言，它的逻辑方法是最突出的。这个方法发展成为人们常说的公理方法。迄今为止，人类知识还没有哪一个部门应用公理方法得到如数学那样大的成功。除了逻辑的要求和实践的检验以外，无论是几千年的习俗、流行的风尚，还是宗教的权威、皇帝的敕令，都没有如此大的作用。

数学作为一种文化，它的特点在于：追求一种完全确定的、完全可靠的知识。在数学上是非分明，没有模棱两可。即使对于“偶然”发生的随机现象，对于“不确定”的事件，也要提出精确的概念和研究方法，确切回答某个事件发生的概率是多少，在什么确切的范围以内等。

数学是追求更深层次的、更为简单的、超出人类感官的基本规律。数学家们是把原始的来自实际的问题，经过层层抽象，在抽象的、仍然是客观事物真实反映的更深层次上来考察、研究其内在规律。它不仅研究宇宙的规律，而且也研究它自己。特别是研究自身的局限性，并在不断否定自身中达到新的高度。由此可见，数学文化是一种非常实事求是的文化，它体现了一种真正的探索精神，一种毫不保守的创新精神。①

数学是一种文化，也是一种语言，首先是自然科学，随后也是社会科学的语言。与一般语言相比，它具有无民族性、无区域性，它是世界上唯一的通用语言。目前世界上的语言就多达2500—3000种，其中仅美洲语言即有1000多种，非洲语言也有近1000种。100万以上人口使用的文字则只有140种。其中，以汉语为母语的人最多，约占世界人口的20%；其次是英语，约占6%；再次是俄语、西班牙语、法语，使用这五种语言的人占世界人口的40%以上。不论英语，还是汉语，实际上都不如数学这种语言对人类自然科学与社会科学的涵盖这样广泛与深刻。正如马克思所说，任何一门科学，如果它不充分应用数学，它就不是真正意义上的科学。

自从设立诺贝尔经济学奖以来，经济学家们的著作中数学化、公理化的色彩更加浓厚了。数学模型、数理统计、公式、图表、符

① 张恭庆.数学与国家实力[J].紫光阁杂志，2014（08）.

号等数学语言，在经济学中真正找到了用武之地。2002 年，一部根据荣获 1994 年度诺贝尔经济学奖的大数学家约翰 · 纳什的传记拍摄的电影《美丽心灵》，获得了对公众影响更大的奥斯卡奖，更使人以为，原来诺贝尔经济学奖是奖给数学家的。①

我们进一步看数据。从 1969 年开设诺贝尔经济学奖以来 70 多位经济学家获得如此殊荣。韩兆洲撰文指出，从 1969 年到 2003 年，诺贝尔经济学奖已经颁发了 35 届，53 位经济学家获此殊荣。其中，有 52.8% 的经济学家都有数学或者理工学位，84.7% 的获奖者具有较强的数学运用能力，90% 以上的获奖经济学家都是运用数学方法阐释经济理论。②刘开云统计，从 1969 年至 2008 年，在 60 多名诺贝尔经济学奖得主中，他们几乎既是经济学家，同时又是统计学家或数学家。其中有 39 位美国人获奖者，大多是计量经济学会的会员，他们的获奖成果中，几乎都运用了大量的计量经济学模型。③作者本人统计，2009 年—2015 年的诺贝尔经济学奖获得者，从获奖成就方面看，偏重博弈论、计量经济学、金融数学及微观经济学的机制研究，这些研究需要高深数学才可能完成。比如，2012 年的沙夏利、2013 年的尤金·法玛莫不如此。2014 年获奖者让·梯若尔教授，本身既是数学博士，同时也是经济学博士。

不难发现，当今世界，经济学理论研究已日趋精密化、数学化、公理化、模型化。也就是说，对经济学家而言，提升经济学研究“数学化”的强度，与获取诺贝尔经济学奖是并行不悖的。

数学是一种语言，首先是自然科学的语言，回顾三次科学革命

① 史树中 . 诺贝尔经济学奖与数学 [M]. 北京：清华大学出版社，2002.

② 韩兆洲，邓勇 . 从诺贝尔经济学奖看经济学研究的数学化趋势 [N]. 南方经济，2004（02）.

③ 刘开云 . 数学功底：制约中国经济学家摘取诺贝尔奖的软肋 [J]. 统计与决策，2009(9).

的历史，可以看到数学作为语言与文化的革命性的意义。

第一次科学革命的标志是近代自然科学体系的形成。是以哥白尼的“日心说”为代表，后经开普勒、伽利略，特别是牛顿等一大批科学家的推动完成的。牛顿的著作《自然哲学的数学原理》影响遍布经典自然科学的所有领域，核心是微积分的发明与广泛应用。

第二次技术革命是电气和运输的革命。虽然我们很难说出其中哪一项发明直接来自数学，但19世纪和20世纪数学家们发展了常微分方程、偏微分方程、变分学和函数论等数学分支，并把它们用于研究力学——包括流体力学和弹性力学、热学、电磁学等中的物理问题和工程问题，推动了这些学科的发展。此外还值得一提的是：电磁波的发现是麦克斯韦先从数学推导中预见，然后由赫兹用实验验证的。

19世纪末到20世纪初，X射线、电子、天然放射性、DNA双螺线结构等的发现，使人类对物质结构的认识由宏观进入微观，相对论和量子力学的诞生使物理学理论和整个自然科学体系以及自然观、世界观都发生了重大变革，成为第三次科学革命。在这次革命中，数学起了很大作用。建立相对论需要黎曼几何，爱因斯坦本人就承认，是几何学家走到前头去了，他不过学了几何学家的东西，才发明了相对论。在量子力学中用到的概率、算子、特征值、群论等基本概念和结论都是数学上预先准备好了的，所以数学对第三次科学革命起到了推动作用。

可见，任何一门成熟的自然科学都需要用数学语言来描述，在数学模型的框架下来表达它们的思想和方法。当代数学不仅继续和传统的邻近学科保持紧密的联系，而且和一些过去不太紧密的领域的关联也得到发展，形成了数学化学、生物数学、数学地质学、数学心理学等众多交叉学科。数学在模拟智能和机器学习中也起了很重要的作用，包括：环境感知、计算机视觉、模式识别与理解以及知识推理等。

自然科学如此，社会科学依然如此。比如，数学与金融科学的交叉——金融数学是当代十分活跃的研究领域。冯·诺依曼与摩根斯登的“对策论与经济行为”使“决策”成为一门科学。控制理论与运筹学，特别是线性规划、非线性规划、最优控制、组合优化等在交通运输、商业管理、政府决策等许多方面得到广泛的应用。在工业管理方面，统计质量管理起很大的作用。在运用数学理论之前，质量管理是通过事后检验把关来完成的，难以管控，而且成本也很高。根据概率分布的原理，可以将数理统计的方法应用到质量管理当中去，产生了统计质量管理的理论和方法。

语言是思维的物质外壳，什么样的思维依赖于什么样的语言。数学思维能力的培养正是要培养学生的这种数学所独有的抽象的连续性思维方法，培养学生的逻辑思维能力、直觉思维能力和创造性思维能力。逻辑思维是思维的高级形式，数学更是逻辑思维的表现形式。数学思维能力就是作为数学科学的独特思维方式所具有的功能、本领。数学思维最大、最突出、最有效的功能就是抽象模拟。数学思维的抽象模拟功能同其他科学思维的抽象模拟功能相比，其独具一种“连续性”的特点，即抽象连续性。

数学也是美。我们知道，美是艺术家所追求的一种境界。其实，美也是数学中公认的一种评价标准。数学中的美体现在和谐性、对称性、简洁性上。著名数学家庞加莱（H.Poincare）曾说：“科学家研究自然是因为他爱自然，他之所以爱自然，是因为自然是美好的。如果自然不美，就不值得理解，如果自然不值得理解，生活就毫无意义。当然，这里所说的美，不是那种激发感观的美，也不是质地美和表现美……我说的是各部分之间有和谐秩序的深刻美，是人的纯洁心智所能掌握的美。”[①]

中国台湾学者黄永武指出：中国诗经历过三言、四言、五言、六言、七言以至九言，但为什么被中国人最为接受的形式是五言与七言呢？三言诗太短小，音节局促，变化又少，诗人很难在其中施展才情。四言诗太古老，自《诗经》以来，诗人也难以逾越。六言诗唐人已经尝试，成功的作品不多。……八言诗只有杂言中有单句，没有全首八言的。九言诗据传起于高贵乡公，作者甚少。九言诗调也读不顺……也许是九言的形式真不和唇吻的自然节拍，九言诗无法盛行。只有五言、七言盛行，而且五言是分三节，七言分四节，五比三与七比四比较接近黄金分割，这或许就是诗律暗合数学规律的原因。[②]在某种意义上说，数学与艺术两位一体，是一个硬币的两面。

数学不仅是文化、语言与美这些形而上的东西，更是与国民经济、国家实力息息相关。我们知道，互联网、计算机软件、高清晰电视、手机、手提电脑、游戏机、动画、指纹扫描仪、汉字印刷、监测器等在国民经济中占有相当大的比重，成为世界经济的重要支柱产业。但是，我们有多少人知道，其中互联网、计算机核心算法、图像处理、语音识别、云计算、人工智能、3G 等 IT 业主要研发领域都是以数学为基础的。所以信息产业可能是雇用数学家最多的产业之一。这里用到许多不同程度的数学工具，有的还有相当的深度，包括：编码、小波分析、图像处理、优化技术、随机分析、统计方法、数值方法、组合数学、图论等。[③]

---

① R. 柯朗，H. 罗宾 . 什么是数学：对思想和方法的基本研究 [M]. 左平等，译 . 上海：复旦大学出版社，2005.

② 黄永武 . 中国诗学——鉴赏篇［M］. 北京：新世界出版社，2012：158.

③ 张洪庆 . 数学与国家实力 [J]. 紫光阁杂志，2014（08）.

五、咖啡屋：法国哲学的催生婆

咖啡屋可以说是法国哲学的催生婆，研究法国哲学，不可忽视那一杯杯飘散着浓香的咖啡。几百年的法国哲学，已与散落在塞纳河左岸的咖啡屋紧密地联系在一起。据法国巴黎第一大学哲学博士、法国哲学家福柯和保罗·利科的学生高宣扬教授介绍，在咖啡屋讨论哲学是法国由来已久的传统。从启蒙运动到法国大革命前夕，政治家、哲学家经常在沙龙讨论哲学和政治，已成为一种经验和习惯。波德莱尔的《1846 年的沙龙》等著作即以沙龙为主题，记录了作家和哲学家们一边在沙龙里讨论问题，一边喝咖啡的情形。当年罗伯斯·庇尔与马拉们聚会的塞纳河左岸的老咖啡店，一直保留至今天。第二次世界大战后，“哲学咖啡屋”进入了新的阶段，在萨特、阿隆、加缪、梅洛·庞蒂等人的推动下延续着它过往的光荣历史。法国当代学术的重要人物们在这里聚会，讨论编辑与写作，以及对社会事务的“介入”。

如今的法国，“哲学咖啡屋”大行其道。而所谓“哲学咖啡屋”，就是街头普通咖啡屋每周固定开辟专门的时间，聘请一至两位文化名流当主持人，组织咖啡屋的客人探讨哲学问题。经常组织哲学讨论的咖啡屋在巴黎有 30 多家，在法国共有 200 多家，其中最有名的是巴黎第四区巴士底狱广场的“灯塔咖啡屋”，这里是“法国哲学咖啡屋协会”的总部，定期出版“哲学咖啡屋月刊”，报道各地哲学咖啡屋的活动情况。

哲学是法国中学生的必修课，根据法国教育部颁发的大纲，哲学课的目的就是让学生发现自我价值，学会对周围司空见惯的现象

说“不”，在未来的实际工作中养成创造性的思维方式。[①]

六、咖啡屋：法国艺术灵感的摇篮

1788 年的巴黎有 1800 多家咖啡屋。咖啡屋，也是文学家、艺术家的聚集地。在法国大革命结束之后，法国咖啡屋推动了文化、文学和绘画的发展。在这个和平时期，这些创造性的活动达到了前所未有的高潮，而咖啡屋也成了艺术创作之地。小说家、剧作家、诗人、编辑、绘画家还有音乐家都将咖啡屋作为他们的“第二个家”。

咖啡刺激了法国人的艺术思维，法国史学家米歇雷认为，在 18 世纪许多振奋人心的文学艺术成就上，咖啡屋扮演着重要角色。在此后的时代，巴黎咖啡屋依然有着前代咖啡屋的流风遗韵。

在海明威眼中，下班的模特、工作到夜幕降临的画家甚至跌撞的酒鬼都是绝佳的创作素材，足以激荡起内心的火花；而咖啡屋话题又是如此的万象纷呈——不以流派阶层为囿，提倡兼容并包之旨。三教九流，尽可畅所欲言；东西观念，亦在囊括之中。也因此，当咖啡屋遇见艺术家，个中孕育的能量迸射出源源不断的温暖、灵感和创意，这使咖啡屋最终演变成城市中最具文艺气质的地标。[②]

咖啡屋，是艺术家们登临艺术巅峰的起点。长期以来，咖啡屋在阅读环境的公共层面上积极参与，举办包括沙龙讲座、艺术展览、独立书展、音乐派对、义卖游园等在内的各种艺文活动，以汇聚和展示当时当地的文化创造。值得称赞的是，参与其间的并不只是耳

① 翟华文．法国的“哲学咖啡屋”[N]. 新晚报，2000-06-19（15）．

② 杜心源．感性自我与“美学”现代性的嬗变——对 20 世纪二三十年代上海唯美—颓废文学的一种论述 [J]. 天津社会科学，2008(6)：94.

熟能详的文化名流，更有像莫奈、毕加索那样当时还不怎么出名的画家，或如乔伊斯般尚不被认同的落魄小说家。前者，由于没有足够的财力和名气在画廊里单独展示，转而受邀于一些开明并慧眼独具的咖啡屋主人。他们作品的第一次成功展示往往以小型展览的形式在咖啡屋传播，并因此受到画商和星探的眷顾。

那些尚未成名、来自不同国家的贫困画家和作者会在温暖的咖啡屋中从早晨一直聊到黑夜，他们交谈切磋，相互影响，思想和激情常常碰撞出灿烂的艺术火花，创作出不同凡响的艺术作品。毕加索刚到法国时，囊中羞涩，靠那些尚不值钱的画作换取在咖啡屋的食宿。

第五章

咖啡屋创意机理：来自多学科的解读

一、咖啡屋创意机理：解决问题的空间

我们到咖啡屋不仅是休闲，不仅是谈情说爱，不仅是创业，不仅是传播信息与构建社交网络，我们到咖啡屋或许是带着问题，可能是已经明确的问题，与朋友、老师、合作者一起碰撞与交流，听取意见；或许，问题并不明白，包括我们已经在办公室、实验室、图书馆对这些问题做了大量前期工作，大量阅读、大量思考，而不得要领；或许，我们要创业，带着你的创业策划方案去听取合作者意见，听取风投人士的意见，所以，我们走进了咖啡屋。

问题导向是创意、创造、创新与创业的先导。爱因斯坦说：提出一个问题往往比解决一个问题更重要，因为解决问题也许仅仅是一个教学上或实验上的技能而已。而提出新的问题、新的可能性、从新的角度去看旧的问题，都需要有创造性的想象力，而且标志着科学的真正进步。大部分发现、发明、创意、创新，或许就是问题导向的，问题导向是人类文明进步的推动力。古往今来，人类总是在不断发现问题、研究解决问题的过程中前进的，科学史上的一切发明创造都是在遭遇和解决问题的过程中完成的，任何一个组织都是在解决问题中发展壮大、在忽视和回避问题中瓦解消亡的。

人们都知道从苹果落地中牛顿发现了万有引力定律的故事，其实那不过是法国启蒙思想家伏尔泰为宣传自然科学而编的故事。乡下的孩子们常常用投石器打几个转转，之后，把石头抛得很远，激发了牛顿关于引力的想象，他把这个问题与开普勒和伽利略的思想联系起来思考；他从浩瀚的宇宙太空，周行不息的行星，广寒的月球，直至庞大的地球，进而想到这些庞然大物之间力的相互作用。牛顿紧紧抓住这些神奇的思想不放，一头扎进“引力”的计算和验证中。牛顿计划用这个原理验证太阳系各行星的行动规律。他首先推算月球和地球的距离，由于引用的资料数据不正确，计算的结果错了。因为依理推算月球围绕地球转，每分钟的向心加速度应是 16 英尺，但据推算仅得 13.9 英尺。在失败的困境中，牛顿没有灰心，反而以更大的努力进行辛勤的研究。

科学发现是解决问题的一种形式，以及……可以使用解释问题解决过程的术语去解释科学的发现过程。我们知道，有许多学者认为创造性不过就是问题的解决。也许这一观点在科学中会比在绘画或诗歌中更容易被证明。大量的心理学家分析科学家们的创造过程，发现基于问题解决是一种概念空间的搜索。科学家在工作中会同时搜素两种不同的空间：实验空间与假设空间。①

成功的科学家们知道怎样安排他们的工作时间以取得最多的创造性。他们根据一天中最有效的时间阶段，不断从一个项目转移到另一个项目。原创性的、新的和概念性的工作以及问题的发现，适合作为上午的首要工作来完成。许多科学家也会在早晨安排写作，因为这些工作涉及创造性的构想。科学家们喜欢将实施具体的、操作性的实验室工作安排在中午或午餐以后。最后，许多科学家提到，在完成难度较大的某项工作以后，他们会在傍晚时分拿出一些空闲时间，去校园散步或者去喝一杯咖啡。经验告诉他们，宝贵的灵感经常会在把手头工作放置一边的时候出现。②

① R.Keith Sawyer. 创造性：人类创新的科学 [M]. 师保国等，译 . 上海：华东师范大学出版社，2013：426-427.

② R.Keith Sawyer. 创造性：人类创新的科学 [M]. 师保国等，译 . 上海：华东师范大学出版社，2013：428.

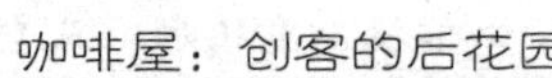

物理学家 Werner Heisenberg 说，科学是一种群体性活动，你希望每时每刻与人谈话……只有通过与同一领域中的人们进行互动，你才能够完成你感兴趣的事情。①

咖啡屋为我们提供解决问题的一个交互、创意、创造、创新与创业的空间。创新是一个曲折前进、日积月累的团队工作（teamwork），而非灵光乍现、一蹴而就的个人表演。在科学界，团队的平均规模（成员人数）在过去的 45 年里翻了一番——从一篇论文平均 1.9 个作者提升到了 3.5 个。科学变得更加复杂，需要更大的团队规模。在 1955 年，只有 17.5% 的社会科学论文有两个或者两个以上作者，到 2000 年，这个比率已经增长到 51.5%。历史数据表明，合作正变得越来越普遍。②

多项研究表明，团队比单个个体能产生更好的科学研究。一方面，团队工作是“创新”的温室。人们习惯于认为创新就是天才的灵光一现，典型例证之一是“牛顿被苹果砸中后发现了万有引力”。创新绝非洗澡的时候灵光一闪，反而到处是困难，遍地是陷阱。只有依靠团队，同时具备黑客③的鼓捣试验品的能力、进行科学推理的能力和不拘一格的想象力，才能过关斩将，刷翻 Boss。一个团队缺少技术、理论和创意中的任何一个元素，都可能会使他们的成果与历史性突破失之交臂。④

---

① R.Keith Sawyer. 创造性：人类创新的科学 [M]. 师保国等，译 . 上海：华东师范大学出版社，2013：436.

② R.Keith Sawyer. 创造性：人类创新的科学 [M]. 师保国等，译 . 上海：华东师范大学出版社，2013：264.

③ 黑客（Hacker，我国台湾地区翻译为骇客），即闯入计算机系统或者网络系统者。而称为 Cracker 的一类人是“破解者”的意思，从事恶意破解商业软件、恶意入侵别人的网站等事务。黑客和破解者没有一个十分明显的界限，但在中文世界里随着两者在媒体上的含义越来越模糊，公众已经不太重视两者含义，但其区别仍不可混淆。

④ 沃尔特 · 艾萨克森 . 创新者：黑客、天才和极客们如何创造数字化革命［M］. 西蒙舒斯特公司，2014.

中国的舞台艺术、时装、雕塑、音乐与电影领域都充满了创造力，但仔细研究可以发现这些都是个人创新而不是团体创新。eBay、苹果和亚马逊公司的与众不同之处在于它们都是团体创新的典范。像iPod、iPhone、iPad 等产品不能单靠个人设计，而是需要一个或者多个团队的合作才能完成。最近时期的其他重要创新也是如此。

知识创新毫无疑问是建立在个体创新基础上的。但进入 21 世纪，由于“知识的负担机制”加大，爱因斯坦与达尔文式的“孤独天才”减少，集体创新日益增多，最好的研究成果更多来自团队。

团队就需要大家一起合作，彼此交流。美国西北大学的伍兹教授，花了五年时间专门研究艺术创新问题，方法是用 Q 值的大小来描绘参加人员的亲密度。结果发现，参加人员的 Q 值低于 1.7，或高于 3.2 都不好，要么相互之间不甚了解，合作太费劲，要么彼此太熟悉，缺少新点子。理想的 Q 值是 2.6，在这样的人员配置情况下，创新成果最多最大。由此可知，咖啡屋的来客不能总是清一色的人，非常需要有不同知识背景的新人出现，那些能够从不同专业、不同角度、不同立场来讨论同一个话题的人是最为适宜的。①

麻省理工学院的阿伦教授还发现，经常与他人交流的人是最好的创新者，而经常只接触一两个同事的人，创新性就明显缺乏。他还说，对于新知识产生最有促进的空间，不是会议室，不是实验室，也不是图书馆，而是具有“混沌的边缘”性质的咖啡机旁边。这也从另一个角度证明了“咖啡屋”对于知识创新的重要。②

知识创新不仅包括科学发明，还包括科技发明之转化率。日本的科技转化率为 40%，韩国为 26%，中国只有 15%。都是亚洲国家，为什么会有如此大的差距？ 中国著名人才学专家王通讯教授指出，可能原因是多方面的，但最主要的还是中国人缺乏交流意识、合作

①②　转引自王通讯 . 咖啡屋里的知识创新 [N]. 光明日报，2013-09-25（15）.

意识、共赢意识。大学、企业、政府三者的产学研一体化还未拧成一股绳，没有从根本上改变各创新主体的互不来往、缺少互动的旧格局。从这个意义上看，咖啡屋乃是不可小觑的促进教育与经济、科技与经济、政治与经济结合的一种有益的空间平台。重视咖啡屋对知识创新的推动作用，即是重视社会创新机制形成与强化的一种表现。①

走在我们前面是美德这些高创新国家科技的突飞猛进，而后面紧跟的是大量后发展国家等待着低成本制造行业的转移。螳螂捕蝉，黄雀在后。政府倒是希望中国努力从中国制造走向中国创造，从世界的工厂转变为世界级的创新强国。但如果我们不能从投资驱动转向创新驱动，不能从个人创新转向团队创新，中国不仅不能成为创新大国，也将会失去廉价劳动力生产大国的地位；不仅不能大众创新、团队创新，而且可能失去屹立世界民族之林的机会。

二、咖啡屋创意机理：自组织

咖啡屋首先是一个平台，一个空间，抑或是一个思维网络，一个用时间置换空间的平台；一个借助咖啡能量转换创意质量的平台；也是多元思想在这里碰撞、交流，不断寻找轨道、流程与结果的跨学科的思维网络，是创意、发现的创造力之源。

问题是，咖啡屋为什么能成为创意、创新、创业的空间，为什么能成为知识分子的沙龙，为什么能成为法国思想启蒙、艺术创新与科学发现的高地，为什么能成为新生代创业的孵化器，它背后的机理是什么？这是一个值得探究的问题。咖啡屋之所以是创意、创

① 王通讯．咖啡屋里的知识创新 [N]. 光明日报 .2013-09-25（15）.

新与创业的空间，关键是创意、创新与创业背后体现的是自组织的现象，受自组织系统的规律，是自组织的力量，这也是咖啡屋创意、创新、创业的一个机理。

下面，我们通俗地介绍什么是自组织，自组织现象、自组织理论及自组织机理怎样在咖啡屋中发挥作用。协同论创始人 H. 哈肯认为，从组织的进化形式来看，可以把组织分为两类：他组织和自组织。如果一个系统靠外部指令而形成组织，就是他组织，比如国有企业，接收上级下达的指令等；如果不存在外部指令，系统按照相互默契的某种规则，各尽其责而又协调地自动地形成有序结构，就是自组织，比如，咖啡屋、私营企业、硅谷的创业企业等。H. 哈肯关于自组织的定义则是："如果一个体系在获得空间的、时间的或功能结构过程中，没有外界的特定干涉，我们便说体系是自组织的。"[①]自组织理论认为，自组织现象只能产生于远离平衡态的与外界有能量或物质交换的开放系统中。在自组织过程中开放系统的状态由无序趋于有序。雅克·莱索尼认为自组织过程由六个要素构成：必然性、机遇、意志力、不可逆、传染和制度。雅克·莱索尼认为机遇是所有自组织现象的重要成分。[②]

咖啡屋不是计划经济的产物，无关行政命令，是个人或者志同道合者自愿到这个没有领导命令、没有科层之分、没有对错胜负的咖啡屋里的，享受平等自由、放松交流与碰撞。这种自组织的形态，自然会产生新的思想,新的创意。如同改革开放初期那些草根企业家，在没有资源，没有资金，没有计划的状态下为自我生存，为自我价值的实现，呼朋唤友创办自己的企业一样，体现的也是自组织的力量。

---

① HakenH.Information and Self-Organization： A Macroscopic Approach to Complex Systems [M].Spring-Verlag，1988，p11.

② 库尔特·多普菲 . 演化经济学——纲领与范围 [M]. 北京：高等教育出版社，2004：283.

而国有企业出现的亏损或者腐败，体现的是他组织的弊端。

咖啡屋首先是一个自组织的地方，其次是喝咖啡的地方。喝咖啡的好处：和咖啡亲密接触，由于咖啡因有刺激中枢神经和肌肉的作用，所以可以振作精神、增强思考能力。可以说，咖啡屋是一个借助咖啡能量转换创意质量的平台，这也是自组织的耗散能量，形成结构的机理。自组织理论认为，结构决定功能。如果两个系统功能不同，那么它们的结构一定不同。复杂适应系统中所具有的“整体大于部分之和”就是结构决定功能原理的体现。①为什么咖啡屋能成为创意、创新与创造力喷发的地方，就是因为咖啡屋的自组织的结构决定其功能是一个自由发挥、相互启发、启发灵感的空间。

白先勇曾说，对于文化艺术圈的人来说，咖啡屋在这一群体中的普及率则大为不同。特别是对于城市中兴起的一批受到现代主义启蒙的文化阶级而言，咖啡屋很自然地介入了他们的生活。文学体制的转变，直接影响咖啡屋的角色转变，随着文学出版事业的专业化，咖啡屋因其空间形式与所能提供的传播功能成为文学生产链的一环，并且分门别类，按照不同属性、不同需求而分类的咖啡屋纷纷出现。②

哈贝马斯认为，咖啡屋一开始是作为公共领域形成的初期形态出现的，而参与者是“拥有一定财产和受过良好教育”的人。受到社会各领域趋于专业化的影响，咖啡屋则转变为某一领域群体聚集产生社群的场所。在台湾，虽然把“咖啡屋里的谈论”等同于“无用的清谈”，但事实上咖啡屋里的文人作家，例如黄春明就在“明星”

---

① 约翰·H. 霍兰．隐秩序——适应性造就复杂性 [M]. 上海：上海科技教育出版社，2000：5.

② 陈嫩文．咖啡馆与文学公共领域的形成 [N]. 中国作家网，2014-12-12.

咖啡屋写下许多现实感极为浓烈的小说,他的大部分作品都是在“明星”咖啡屋里完成的。

三、咖啡屋创意机理：涌现

为什么咖啡屋具有喷发创造力的功能与机理？我想复杂性科学中的涌现理论可以给予较好的解释。所谓涌现性（Emergent properties），通常是指多个要素组成系统后，出现了系统组成前单个要素所不具有的性质，这个性质并不存在于任何单个要素当中，而是系统在低层次构成高层次时才表现出来，所以人们形象地称其为“涌现”。系统功能之所以往往表现为“整体大于部分之和”，就是因为系统涌现了新质的缘故，其中“大于部分”就是涌现的新质。系统的这种涌现性是系统的适应性主体之间非线性相互作用的结果。涌现理论的主要奠基人约翰·霍兰在《涌现：从混沌到有序》中这样描述“涌现”现象，“在复杂的自适应系统中，‘涌现’现象俯拾皆是：蚂蚁社群、神经网络、免疫系统、互联网乃至世界经济等。但凡一个过程的整体的行为远比构成它的部分复杂，皆可称为‘涌现’。”[①]

涌现是一种从低层次到高层次的过渡，是在微观主体进化的基础上，宏观系统在性能和机构上的突变，在这一过程中从旧质中可以产生新质。“系统科学中，有一条很重要的原理，就是系统结构和系统环境以及它们之间关联关系，决定了系统整体性和功能。也就是说，系统整体性与功能是内部系统结构与外部系统环境综合集

① 约翰·霍兰.涌现：从混沌到有序[M].陈禹，译.上海：上海科学技术出版社，2001.

成的结果，也就是复杂性研究中所说的涌现。”[①]涌现过程是新的功能和结构产生的过程，是新质产生的过程，而这一过程是活的主体相互作用的产物。霍兰德说：“涌现现象是以相互作用为中心的，它比单个行为的简单累加要复杂得多。”涌现性告诉我们，一旦把系统整体分解成为它的组成部分，这些特性就不复存在了。欧阳莹之进一步从哲学层面描述了涌现的实质，指出涌现是相互作用的产物。他说：“与其说涌现特性的出现显示了组合物的物质基础，不如说是显示了这些物质是如何被组织起来的。”这一描述体现了关系、联系、结构在涌现过程中的作用。[②]

为什么到咖啡屋能喷发创造力？首先是在去咖啡屋前，在图书馆、在书房、在实验室，在一个独处之空间获取信息，在逻辑思考、在专业内思索，当读书、思索、实验都不得要领时，到咖啡屋去放松，去与朋友交流，这里最重要的是要素的增加。从一个人到多个人，即从单要素到多要素，这就为涌现创造力提供了可能性。克劳士·提勒多曼在《咖啡馆里的欧洲文化》中指出，许许多多的大人物都曾造访过希腊咖啡屋，包括：门德尔松、叔本华、李斯特、尼采、托马斯·曼、安徒生、柏辽兹、拜伦、雪莱、济慈、霍桑、司汤达、狄更斯、马克·吐温……这份名单还可以继续开下去。[③]虽然，不少人文学者都在描绘欧洲咖啡屋中有多少科学家、文学家、艺术家到咖啡屋休闲、聊天、交流、对话等，但他们仅仅记录了历史与文化，没有指出为什么这些科学家、文学家、艺术家到咖啡屋去，为什么

---

① 约翰·霍兰．涌现：从混沌到有序 [M]. 陈禹，译．上海：上海科学技术出版社，2001.

② 欧阳莹之．复杂系统理论基础 [M]. 田国强等，译．上海：上海科技教育出版社，2002.

③ 克劳士·提勒多曼．咖啡馆里的欧洲文化［M］. 林珍良，译．北京：团结出版社，2005.

他们到咖啡屋去后能导致创造力的喷发，核心就是多要素的产生导致个体、理性、逻辑无法产生的创造力的喷发，这就是咖啡屋的涌现效应。

此外，书房、图书馆、实验室是一个层次的探索，而到咖啡屋增加了非专业人士，到咖啡屋的人往往具有不同的知识和职业背景，即使是在同一个朋友圈，也会有跨学科、跨行业交际的现象。随着交往圈的不断扩大，圈子里汇集了不同学科或职业人士（如科学界、企业界、文学界等），以及科技、市场与资本等诸多要素，增加了系统或者组织的层次性与相互作用。按霍兰的涌现理论，在一定的环境中，多要素相互作用会涌现出不同于参与的每个单独要素的新的要素与性质。也就是说，在咖啡屋这个特殊的环境中，来自不同学科，不同职业，不同视角的人在相互沟通、相互碰撞、相互讨论中孕育并涌现了新的思想、新的创意、新的科学思想的火花。此外，咖啡屋内部的空间结构也悄然发生变化，在一个咖啡屋内，中心地带是长形的大桌子形成的活动场所，有着较强的开放性。

中国有个成语叫一目了然，就是说一眼就看得很清楚。形容事物、事情原委很清晰，一看就知道是怎么回事。问题是，既然“一目”可以“了然”，为什么我们还需要两只眼睛呢？这就是因为两只眼睛是从两个不同的视角，创造出视差，能看出整体与立体。人类为什么有两只眼睛？这是因为，眼是一种感觉器官，眼的视网膜能感受光，但它得到的只是一个没有立体深度的平面图像，无法把客观的立体世界真实地反映出来，当人用两只眼睛注视景物时，由于两眼是从两个不同位置和角度扫描景物，于是景物在两眼视网膜上的成像并不相同，会产生能感知三维空间的各种物体远近前后、高低深浅和凹凸的立体视觉功能。一只眼睛看不出深度，看世界

也是如此，要同时从不同角度看问题，才能真正地看出问题。凡事都利用单线逻辑，只有一只眼，它使你看得清，但看不全，有时看不全比看不清更危险。看得清是技术问题,看不全是战略问题,"清"与"全"是构成创造力的两个层面，既分开，也相连。如果想看得清，用逻辑、读书、思考、线性思维、用左脑，到实验室、图书馆去；要想看得全，要用想象、对话、非线性思维、用右脑，到咖啡屋去，与朋友聊天、与团队碰撞与对话。为什么一个人读书、思考、写作、实验不足以迸发创造力呢？这是因为读书、思考、写作、实验如同一只眼看问题，看得清，看不全；看到平面，看不到立体；看到逻辑，看不到非逻辑。到咖啡屋去，就是两只眼睛看问题，能激发创造力。

四、咖啡屋创意机理：非线性交互

"线性"与"非线性"是一对数学名词。"线性"是指两个变量具有正比例的关系，它在笛卡儿坐标平面上表示为一条直线。"非线性"是指两个变量之间没有像正比例那样的"直线"关系。E.洛伦兹（E. Lorenz）指出，线性过程的本质可以概括为两点：第一，许多实际的现象在所限制的时间内和限制的变量范围内近似可看成是线性的，所以通常的线性数学模型能够模拟它们的行为。第二，线性方程可以用许多方法处理，而这些方法对于非线性方程确是无能为力的。[①]

经典科学并不是纯粹的线性科学，它也含有非线性方程，其实牛顿的万有引力方程就是非线性的。但经典科学从其研究方法讲则

① E.N. 洛伦兹 . 混沌的本质 [M]. 北京：气象出版社，1997：153.

是线性科学，这是因为经典科学面对着非线性现象，总是要设法略去非线性因素或者把非线性问题简化为线性问题来处理。线性化是经典科学广泛采用的研究方法，所以经典科学也被叫作线性科学。应该承认线性科学的线性化方法已经取得了巨大的成功，并将继续在人类知识扩展和生产、生活实践中发挥不可替代的重要作用。

非线性科学认为，世界的本质是非线性的，而线性是非线性的特例。正像牛顿力学是爱因斯坦相对论在宏观低速运动情况下的特例一样，我们可以把线性科学看作是非线性科学向线性条件的逼近。也正如牛顿力学的这种近似处理方法足以适用于我们的日常生活而被保留，线性科学同样也不能简单地被否定。“整形几何与分形几何，精确性科学与模糊性科学，线性科学与非线性科学，简单性科学与复杂性科学，都是人类认识和改造世界的智力武器，既不能以前者否定后者，也不能以后者否定前者”①。

比如，y=ax+b 就是线性方程，是对一条直线的描述。比如经济学中的道格拉斯生产函数，$Y=AL^aK^b$，就可以改写成拟线性的方程。对方程两边取对数，LnY=LnA+aLnL+bLnK，这就可以把非线性方程改写成线性方程：Y★=A★+aL★+bK★。其中，Y★=LnA，A★=LnL，K★=LnK。还有插值法，包括泰勒级数展开方法也是一种线性思维方法，不过是一种拟合线性的方法。

逻辑思维囿于线性的推理规则，注重因果分析，它适用于科学常规时期的“解题”活动;而非逻辑思维则是信仰、审美、心理、文化、知识等各方面的非线性相互作用，它常常会引发想象、直觉、灵感，成为科学创造的前提，引发科学革命。美国科学哲学家库恩 (Thomas Samuel Kuhn) 认为，正因为这两种思维各有所长，一个成功的科学家就需要同时兼备这两种思维与性格，并使之达到合适的平衡，这

① 刘华杰．方法的变迁和科学发展的新方向 [J]. 哲学研究，1997(11).

就是“必要的张力”[①]。

简单性研究方法是经典科学的传统方法，它由来已久。古希腊毕达哥拉斯学派的美学原则，中世纪学者奥卡姆的剃刀[②]，近代的还原分析及线性化方法其实都是简单性研究方法的不同表现。随着科学的不断进步，科学的研究对象也就必然从简单性问题逐渐转向复杂性问题。现代科学发现了大量复杂现象，而线性科学的简单性研究方法不适用于复杂现象研究。“对于真正的复杂性，用简单性科学方法建立的模型往往显得繁难而无效，用复杂性科学方法建立的模型反而简单有效。”[③]

非线性科学极大地改变了我们的思维方式，因为非线性科学本身真正体现出了经典科学向现代科学转变所引发的思维方式变革，这就是：“从绝对走向相对；从单义性走向多义性；从精确走向模糊；从因果性走向偶然性；从确定走向不确定；从可逆性走向不可逆性；从分析方法走向系统方法；从定域论走向场论；从时空分离走向时空统一”[④]。

咖啡屋是一个激发创意、创新与创业的地方，是一个交流思想、观点与情感的地方，是一个借助咖啡激发思维、激发表达的地方。这种表达不是通过文字与单向的语言或信息传递的，而是借助口头

---

① 托马斯·库恩．必要的张力 [M]. 北京：北京大学出版社，2004.

② 奥卡姆剃刀 (Occam's Razor) 是由 14 世纪逻辑学家、圣方济各会修士奥卡姆的威廉 (William of Occam) 提出的一个原理。奥卡姆剃刀原理称为“如无必要，勿增实体”。在物理学中使用奥卡姆剃刀主要是切掉形而上学的概念。爱因斯坦的狭义相对论与洛仑兹的理论就是一个范例。洛仑兹的理论认为在以太中运动的尺收缩、钟变慢。爱因斯坦关于空—时变换的方程与洛仑兹方程在钟慢尺短效应上一致，但是爱因斯坦和庞加莱认为以太不能根据洛仑兹和麦克斯韦方程组检测到。根据奥卡姆剃刀，以太就被排除了。这一原理也被用来证明量子力学的不确定性。海森堡从光的量子本性和测量效应中推出了不确定原理。

③ 苗东升．把复杂性当作复杂性来处理 [J]. 科学技术与辩证法，1996(1).

④ 宋健．现代科学技术基础知识 [M]. 北京：科学出版社和中共中央党校出版社，1994：48.

语言与肢体语言通过非线性交互的。

我们知道，文字语言太讲求理性、逻辑与线性思维，这可以追溯到古希腊的亚里士多德。他强调要用语言的逻辑分析研究实物，他也是最早把语言和逻辑捆绑在一起的哲学家。他认为，语言必须符合逻辑的原理，不符合逻辑的就不应该存在。最后把语言与逻辑彻底捆绑在一起的是罗素与维特根斯坦。当然，把语言与逻辑完全捆绑在一起的做法，一直受到抵制，特别受到德国哲学家海德格尔的批判。海德格尔在《存在与时间》中明确指出：要把语法从逻辑中解放出来。[①]到 20 世纪 70 年代，美国年轻人普遍把逻辑与语言与生活捆绑在一起。他们指出，三段式的形而上学逻辑根本无法概括语言与生活。人的一切人文创造如果要归咎始源，就只有归咎到人生存的自由基因上去。有自由，才有创造，要创造必先有自由。[②]

咖啡屋的交流肯定是口头语言与肢体语言的交流。口头语言交流的一般特点是什么？首先是交流双方面对面的情感交流，包括眼神，言语礼貌，说话语气等，没有目光接触的沟通是不可能的事。其次口头交流不同于书面交流，言语以简单易懂，交流方便为标准，忌讳冗杂、啰嗦的表达。再次是双方的互动，要更注意倾听，理解对方的看法以及想表达的内容。

口头语言与文字语言的差异如同教育中的线上教学与线下教学。线上教学（Online）信息传递是单向的、逻辑的与线性的；而线下教学（Offline）则是面对面的交流，是通过口头语言与肢体语言传递信息的。咖啡屋的肢体语言的交流会有很多默会知识的传递，这也是不能通过逻辑、线性、文字语言表达与传递的，但可以通过口头语言与肢体语言这种非线性方式表达与传递。

---

① 海德格尔 . 海德格尔选集上卷 [M]. 上海：上海三联书店，1996：391.

② 钟文 . 非逻辑的逻辑——诗意与语言游戏 [J]. 诗探索，2013（04）.

在咖啡屋，交流者在听到对方的话语过程中或之后，会很快做出反应，使得线性表达与逻辑表达常常处于一种逻辑中断之中，产生线性的、逻辑思维的中断点、奇点、转折点，导致非线性思维的产生，导致灵感显现、创意频现。此外，这种口头语言与肢体语言互动，时滞最短，敏捷回应，自然少了线性与逻辑。

口头语言交流条理性差、语病连篇，也就是说逻辑性与线性特征弱。这就是为什么我们要借助录音，把口头语言通过文字的线性与逻辑的方式表达出来。录音的文字整理过程就是逻辑化、线性化的过程，也是把口头语言的非线性的信息进行线性化处理的过程。虽然口头交流缺乏严谨与逻辑，人们在办公室、报告厅的报告及发言了然无趣，但进入咖啡屋则妙趣横生。这就是非线性在起作用。

为什么说咖啡屋交流具有非线性的机理，原因也包括咖啡屋的设计体现了一种人与环境交流的非线性机理。人们到咖啡屋去，主要是借助一杯醇香的咖啡，找些许好友前来交流、谈心、沟通的，所以咖啡屋的装饰必然要营造舒服、轻松、典雅、浪漫的环境，比方墙面的一些润饰，或是一幅油画，或是一个精致的饰物等。这背后的设计理念体现的就是人与环境的非线性的语言交流。在咖啡屋中人与环境的对话，推翻了传统室内设计的对称、秩序、权力本位，解构了权力、秩序的语言，建构了一个非线性的人与环境交流的空间，强调了咖啡屋休闲、聊天、思想碰撞中的非线性的文本互动，并通过声音、色彩、非对称、非逻辑、非线性的形式构成的言语表达，使来到咖啡屋的人进入愉悦之中。

文学批评就是一种非线性思维与互动。李占伟认为，文学艺术在横向坐标上是一种复杂性联通体，而在纵向坐标上则是不断生成的发展体，可以概括为文学复杂性与文学生成性。文学在共时层面上是复杂的，它在同一时期面对着政治、经济、文化、历史、地理等诸多因素，它是非线性的、非还原性的、关系性的、有机性、整体性的；而在历时层面上则非预成性的（本体论意义上）、非构成性的（科学世界观意义上）、非现成性的（神学意义上）、非静止化的、非机械化的、非孤立化的、非实体化的、地方性、事件性、生成性的。文艺包括关于文艺的理论应当面对文艺的历史语境、社会现实，应当充分思考文艺的复杂性与生成性，从而构建一种开放的、多元的、民主的、对话的、健康的文艺观。①

五、咖啡屋创意机理：跨界创新

美第奇家族是佛罗伦萨的一个银行世家，正是由于美第奇家族以及其他几个有着相似背景的家族的鼎力资助，使一大批包括科学家、艺术家、文学家和商人在内的多学科、多领域的锐意进取之士齐聚佛罗伦萨城。他们彼此之间相互了解、相互学习、相互影响，从而打破了学科之间、文化之间的壁垒，创造出了惊人的新思想、新艺术、新的文化与科学，使文艺复兴成为人类历史上最富创造力的时期之一。实际上，文艺复兴不过是多学科、多文化、多样化人才跨界碰撞的结果。

“美第奇效应”就在于把不同的学科、不同的文化汇集到一起，找出思维交叉点、通过交叉思维形成新想法、新方向。在经济全球一体化发展的过程中，人才的全球化的大规模流动，必然使得以前认为的风马牛不相及的相及了，联系上了，交叉思维碰撞了。

比如，建筑学家皮尔斯把风马牛不相及的建筑工程与蚁族筑建保持恒温的蚁冢相及起来，开创了“自然拟态工程”这一建筑设计

① 李占伟 . 复杂性思维与文艺研究思路创新 [M]. 理论探索，2012（06）.

的新领域，并设计建造出闻名世界的津巴布韦“东关”综合写字楼。生物技术人员将蜘蛛掌管吐丝的基因与山羊基因两个风马牛不相及的事物嫁接起来，从而生产出用羊奶纺织出高强度、高柔韧性的丝线。再如，布朗大学一组分别来自数学、医学、神经科学以及计算机科学的风马牛不相及的专家群体，共同揭开了猴脑思考的秘密，引起了全世界的轰动，等等。这些都是成语中风马牛不相及的地方相及了。

美第奇效应就是跨界思维、跨界创新、跨界发展。跨界就是突破原有行业惯例、通过嫁接外行业价值或全面创新而实现价值跨越的品牌行为。跨界是对专业化的一次反叛，它让原本毫不相干的领域或元素，相互渗透、相互融汇，带来新的观念或生活方式，帮助品牌跨出本领域，跳出竞争困境。①

跨界思维，就是大世界大眼光，多角度、多视野地看待问题和提出解决方案的一种思维方式。它不仅代表着一种时尚的生活态度，更代表着一种新锐的思维特质。跨界思想的前提是拆除思想的藩篱、打破思维的界限。跨界学习就是通过向外界学习，得到多元素的交叉。通过理性与感性的交叉、今天与未来的交叉、本领域与其他领域的交叉得到创新点子。这里所说的跨界是非常广义的，包括跨行业、跨领域、跨文化，甚至是跨时空。

科学发现几乎都来自跨界。当今世界自然科学与社会科学学科高度交叉、综合，学科交叉就是跨界、就是创新。所以，学科融合与跨界，自然影响到学科建设的跨界问题，我们必须要紧跟学科跨界形成的新的学科，导致新的知识的出现，新的专业的出现，必须要紧跟跨界引起的学科创新，并在人才培养方案中给予体现。比如，钮卫星教授著的《天文与人文》，通过丰富的实例和充分的论述，

---

① 柳军等．跨界改变中国[M]．广州：广东经济出版社，2008：25.

把天文学与人文学科的各方面做了深厚的交集。

当今，世界经济最大特征就是跨产业竞争。由于柯达不能把自己发明的数字相机推向市场，结果跨界者成为柯达葬礼祭司。苹果的iPad跨越了传统的通信、计算机应用，市场拓展到文化、娱乐、传媒、金融、证券、艺术等领域，成为全球市值最高的公司之一。跨界导致交叉与融合的新产业涌现。比如，为了摆脱慈善事业的捐款困境，RED创始人运用跨界思维，形成了始于慈善、基于商业、多方共赢的慈善商业模式。一跨企业责任与投资者利益的界。每一件带有"RED（红色）"标示的红色商品，背后都是慈善——40%的利润捐给慈善机构。二跨全球品牌的界。创立一个全新的品牌——"RED"，此品牌不属于任何一个企业所有，参与红色计划的企业只能根据授权，进行贴牌生产、销售红色商品。[①]听起来像割企业的肉，但事实上，它正受到越来越多企业和消费者的欢迎。这个慈善商业模式为人们提供了一个关于商业与慈善的新思路。跨被动捐款与主动消费的界，跨时尚与慈善的界。

跨界正在颠覆消费电子产业之间的原有发展模式。信息制造业、信息服务业、数字内容产业乃至与信息相关的其他产业正在高度整合。这一趋势不仅拓宽了原先的产业创新边界，而且也在不断孕育出新的产业，比如互联网电视、手机电视等。在这种趋势下，全球消费电子企业必须以更加开放、平等、全球化协作的态度来进行产业创新。

咖啡屋是创造和激发灵感的场所，不仅是思想的跨界、学术的跨界的高地，也是商业的跨界与创业的跨界的高地。比如，美国的优衣库就在店内引入了星巴克，试图给客人更好的体验，也将他们留得更久一点。咖啡屋与书店也在混搭与跨界。以广州太

① 宋晨．基于合作剩余角度对RED创意公益的探析[J]．2013(3)：23.

古汇的方所书店为例，它也是将书店、美学生活、咖啡、展览空间与服饰时尚等混业经营集为一体。咖啡屋还可以和家私店混搭与跨界。比如说有家叫作“理想·时光”的咖啡屋，除了提供咖啡和精致的装修环境之外，还出售店内的家居餐椅、餐桌、挂钟等几乎一切家具和装饰，只要客户喜欢都可以打包带走。还有咖啡屋奢侈品混搭与跨界。不少奢侈品牌旗下都开设有咖啡屋，例如古驰（Gucci）就在意大利佛罗伦萨和日本东京开了两家咖啡店，其在东京银座的 Gucci 咖啡店内的镇店之宝不是咖啡，而是用来搭配咖啡的 Gucci 巧克力。

2014 年国内咖啡屋与金融、银行业跨界经营。招商银行联合咖啡陪你（Caffebene）推出了国内第一家咖啡银行，即咖啡屋内特别安置了一个空间，内有一台招商银行“可视柜台”机具、两台自助存取款机，还有一位招行工作人员随时为客户提供服务。客户可在享受休闲、舒适、小资的咖啡店环境之余，得到银行的专业金融服务。

为什么咖啡屋可以和那么多其他的行业嫁接？根本原因就是咖啡屋具有跨界功能。首先，咖啡屋本身有着非常好的形象定位。咖啡屋是舶来品，很早就被赋予了罗曼蒂克色彩，这对新时代的中国年轻人有着致命的吸引力。而定位于中高产消费场所的咖啡屋也就非常适合与目标客户群一致的品牌嫁接在一起，成为天生的营销载体。二是咖啡屋本身就是休闲、聊天的好地方，而且中国很少有供朋友简单坐坐聊天的场所，餐厅太舌尖、酒吧太喧嚣，而咖啡屋则环境安静典雅、消费不高、免费 Wi-Fi、不限时间。

“跨界”是一种新锐的生活态度与审美方式的融合。跨界合作对于品牌的最大益处，是让原本毫不相干的元素，相互渗透相互融合，从而给品牌一种立体感和纵深感。可以建立“跨界”关系的不同品牌，一定是互补性而非竞争性品牌。这里所说的互补，并非功能上的互补，而是用户体验上的互补。

咖啡屋不仅与商业跨界，更与创业跨界。把创业者的知识资本与投资者的金融资本结合起来的跨界。最为典型的就是3W咖啡与车库咖啡。通过跨界O2O方式把咖啡屋与互联网混搭与跨界联系起来。2013年年初，电动汽车生产商Tesla在北京举办了首场户外落地展，在赚足各界眼球的同时，也令坐落在中关村的3W咖啡屋名声大噪。实际上，这家专注“互联网圈子”的咖啡屋对于极客而言并不陌生，发端自互联网众筹模式、云集各类创投大佬和草根创业人、有成熟的创投服务体系，再加上随时随地的行业交流和思想碰撞，这家带着创投和科技色彩的咖啡屋注定是一个另类的商业生态。

其实，创业咖啡屋的模式源于美国硅谷，除了普通的售卖咖啡之外，其主要职能还是通过整合资源，为创业者和投资人搭建信息对称、项目对接、资本对接的创新创业孵化服务平台，将公共会客厅、行业协会和创业孵化器三者融为一体。近年来，不少创业咖啡屋开始在北京、上海、深圳等一线城市开设，吸引草根创业者和天使投资资金的进场。

六、咖啡屋创意机理：隐性知识显性化

1650年，英国牛津大学附近出现了第一个咖啡馆“蒂利亚德”，成为牛津大学师生进行学术讨论的场所，在这个咖啡馆诞生了牛津咖啡俱乐部，1660年发展成为全球知名的英国皇家学会。历史发展到今天，咖啡屋的作用不仅依然存在，而且更加拓展了，咖啡屋更是知识创新与发展的场地和孵化器。

世界经合组织（OECD）在1996年《以知识为基础的经济》报告中，将知识分为四类：关于事实的知识（Know-what），关于原理的知识（Know-why），关于如何做的知识（Know-how），关于信息、知识来源的知识(Know-who)。前两类为显性知识(explicit knowledge)，后两类为隐性知识（tacit knowledge）。可以说，显性知识可以说只是“冰山的一角”，而隐性知识则是隐藏在冰山底部的大部分。隐性知识是智力资本，是给大树提供营养的树根，显性知识不过是树上的果实。由此可见，隐性知识的显性化是实现知识共享和知识创造的开始和源泉。这一问题是20世纪90年代以来发达国家哲学界、管理理论和实践者的研究热点，目前，正引起国内哲学界的广泛关注。①

对知识创新与认知的深刻理解莫过于英籍犹太裔物理化学家和哲学家迈克尔·波兰尼（1891—1976）。迈克尔·波兰尼是一位启动西方现代知识论变革的大师，其前半生是一位化学家，早年从事物理化学的研究和教学，后半生转向哲学社会科学领域，提出了著名的tacit knowledge(隐性知识、会意知识、默会知识)理论。正是凭借这个理论，波兰尼被誉为“当代认识论的哥白尼”。

波兰尼指出显性知识是那些通常被叫作知识的“书面语言、图表或数学公式”一类的东西，而隐性知识则是一种存在于人的实践——认识活动中，无法用言语表达，但却起着决定性作用的某种主体的功能性隐性意会系统。②

日本学者野中郁次郎③和竹内弘高进一步发展了波兰尼的理论，

① 甘德安．知识经济创新论［M］．武汉：华中科技大学出版社，1998.

② 波兰尼．波兰尼讲演集［C］．台北：台湾联经出版公司，1985：6.

③ 野中郁次郎：知识创造理论之父和知识管理的拓荒者。其出版的《创新求胜》（The Knowledge-Creating Company）一书，从柏拉图、笛卡尔、波兰尼的知识哲学谈起，融入日本企业的实务经验，企图建构一套系统性的知识管理理论，后来经过发展成为SECI模型。

提出了由“隐性知识”到“显性知识”的SECI模型。[①]SECI模型的最初原型是野中郁次郎和竹内弘高于1995年在他们合作的《创新求胜》一书中提出的。[②]SECI模型存在一个基本的前提，即不管是人的学习成长，还是知识的创新，都是在社会交往的群体与情境中来实现和完成的。正是有了社会的存在，才有文化的传承活动，任何人的成长、任何思想的创新都不可能脱离社会的群体、集体的智慧。因此，关于“隐性知识”与“显性知识”相互转化的SECI模型，其实完成了一次螺旋上升，并且在每一阶段都有一个场的存在。

SECI模型分四个阶段。第一阶段是潜移默化即社会化阶段。是指隐性知识向隐性知识的转化。它是一个通过共享经历建立隐性知识的过程，而获取隐性知识的关键是通过观察、模仿和实践，而不是语言。社会化也包括隐性知识的散布。将一个人现存的想法或意念直接传达或移转给他的团队成员，因而创造了一个共有的知识转化之场所。第二个阶段是外部明示即外化阶段。它是一个将隐性知识用显性化的概念和语言清晰表达的过程，其转化手法有隐喻、类比、概念和模型等。这是知识创造过程中至关重要的环节。第三个阶段是汇总组合即组合化阶段。它是一个通过各种媒体产生的语言或数字符号，将各种显性概念组合化和系统化的过程。最后一个阶段是内部升华即内化阶段。它是一个将显性知识形象化和具体化的过程，通过“汇总组合”产生新的显性知识被组织内部员工吸收、消化，并升华成他们自己的隐性知识。

总体来说，知识创造的动态过程可以被概括为：高度个人化的

---

① SECI模型：S—Socialization（社会化），E—Externalization（外在化），C—Combination（组合化），I—Internalization（内隐化）。

② 野中郁次郎，竹内弘高．创新求胜[M]．李萌，高飞，译．北京：知识产权出版社，2006.

隐性知识只有通过共享化、概念化和系统化，并在整个组织内部进行传播，才能被团队成员吸收并升华。在SECI模型的四个知识转化阶段中前后会经历四种场所。每个场所分别提供一个基地，以利于进行某一特定阶段的知识转化程序，并使知识之创造加速进展。一是原始场所(Originating Ba)。原始场所是知识创造过程中之起点，属于社会化阶段。个人之间亲身的面对面之接触经验对隐性知识的移转与转化十分重要。因此，应强调开放式组织设计，咖啡屋使得团队成员、交流者能充分交流，使得个人之间能够直接交谈及沟通。

二是互动场所(Interacting Ba)。即将拥有特殊知识与能力的一些人组成一个计划小组、项目小组，或跨越业务单位的小组。让这些小组的成员在互动场所彼此交换想法，同时也对他们自己本身的想法加以反省及分析。互动场所代表外表化阶段(the externalization process)，大家以开放态度，彼此充分对话，将隐性知识转变为显性知识，以便创造新知识及价值。咖啡屋起到互动场所的功能，大家彼此交换想法，充分对话，以便创造新知识及价值。

三是电脑场所(Cyber Ba)。电脑场所代表组合阶段(the combination phase)，利用虚拟世界而非实际的空间与时间，来进行互动。在组织内部将新的显性知识与现有的资讯与知识组合，以便再产生更新的显性知识，并使之系统化。利用“线上网路”、文件与资料库等资讯来强化这项知识的转化程序。现在的咖啡屋与互联网、与图书馆、与书屋对接就起到知识组合的功能，起到将新的显性知识与现有的资讯与知识组合的功能，起到产生新的显性知识系统化的功能。

四是练习场所(Exericsing Ba)。练习场所代表内化阶段(the internalization phase)，能促使显性知识转化为隐性知识。上述四种场所各自的不同特征将有助于新知识之创造。在每个场所之内所产生的知识终将成为组织的知识基础而归大家共同来分享。

通俗地说，知识创造的过程需要经过“群化、外化、融合、内化”四个阶段。第一步是群化，就是指隐性知识与隐性知识的交流。有些创意的东西，我讲不清你也讲不清，就一起来沟通与交流吧。第二步是外化，就是指隐性知识向显性知识的转化。在相互交流中，将隐性知识逐步讲清楚，向外转化。可能用类比、假设、倾听、深度会谈的方式，终于豁然开朗。第三步是融合，是指将新的可以讲清楚的显性知识与旧的显性知识的整理提升、系统化，知识可以表达，可以编码，可以传播。第四步是内化，就是指将系统化后的显性知识，与他人和自己团队交流，实现操作化，变为隐性知识。不过，这时候的隐性知识是扩大了的内隐，已经不同于以往的内隐了。这两位日本学者不仅利用上述 SECI 模型描绘出知识的“生成—创新”过程，而且指出了不同环节所需要的空间和条件也不一样。他们认为：群化环节，属于“初始场所”，要建立感情上的共鸣，开始交流。外化环节，属于“对话场所”，要能够互相启发，攀谈互动，诞生新知。融合环节，属于“电脑场所”，要充分利用网络资料，使得新知得以系统化。内化环节，属于“练习场所”，要不断地练习，反复检验，使新老知识都转化到个人或团队的内部。可以看出，不论作为“初始场所”“对话场所”“电脑场所”还是作为“练习场所”，咖啡屋都可以起到彼此交换想法、充分对话、互相启发、攀谈互动的作用，以便诞生新知。

早在 2000 多年前，庄子就指出隐性知识的存在。庄子在《秋水》篇中说：“可以言论者，物之粗也；可以意致者，物之精也。”陶渊明也有“此中有真意，欲辩已忘言”的诗句。如果站在创意、创造力的角度看，许多创意与创造力都是很难用语言表达的。

七、咖啡屋创意机理：世界咖啡屋模式

人类历史上大部分的新观念和社会进步产生于对话。在全球一体化的今天，不同的文化和利益主体必须首先建立文明对话机制，在相互尊重、相互理解中寻求共识，在成就、发展彼此中拉近心灵的距离。

世界咖啡屋（World Café）是打造学习型组织最重要的交流工具，是一种有效的集体对话方式，已被应用于全世界的各种文化、各种场合，它将人们在一种真诚互利和共同学习的精神下聚在一起，通过营造好友们聚在一起喝咖啡聊天的情境和氛围，让背景各异、观念不一，甚至素不相识的人能够围坐在一起，进行心无挂碍的轻松交流和畅谈，让深藏的思想碰撞出火花，形成集体的智慧。

世界咖啡屋的基础是学习型组织。学习型组织 (learning organization) 是美国麻省理工学院教授彼得·圣吉提出的管理观念。彼得·圣吉认为，当企业的外部环境变化剧烈时，应建立更能适应这种环境的组织，而学习型组织能组织成员终生学习、不断地自我组织再造，以维持竞争力。学习型组织是用一种可持续发展的思维方式对组织的管理进行思考，在这样的学习型组织中，每个人都要积极参与发现、分析和解决问题，充分发挥个人现有能力及其潜力，从而通过组织每个人的努力，改善和提高组织适应不断变化环境的能力。①

我们知道，人是很容易被自己过去所学的专业、经历与经验局限的，一个团体或公司也是很容易被既成文化或价值观所限制的，同构型越高，越不容易产生新的创意。世界咖啡屋则让参与者从对个人风格、学习方式和情感智商所有这些我们惯用的评判人的方式

① 彼得·圣吉. 第五项修炼［M］. 上海：上海三联书店，2004.

的关注中解放出来，使人们能够用新的视角来看世界。让人们进行深度的汇谈，并产生更富于远见的洞察力。

世界咖啡屋是学习型组织最重要的交流工具，是一种有效的集体对话方式。可以认为，世界咖啡屋就是聊天、就是智囊沙龙。

世界咖啡屋确定了七大原则：一是为背景定调。包括（What、Why、How）理清目的：为对话范围定好界限；决定合适的与会者：多元化的思想比较能催生更多的见地与心得，发现利用各种外在因素发挥创意，以达到目的（时间、预算、场地等）。二是营造出宜人好客的环境空间（Warm、Safe、Free）。包括：环境布置，让人们有心理安全感，舒适感，让成员自觉成为大团体的一部分，鼓励大家发散热情，建立友好气氛。三是探索真正重要的提问。真正的提问是很欢迎各种创见的，能激发创新思维和实际行动；要架构出可唤起我们内在智慧的策略性问题，例如：问题简单明了、引人入胜，能释放能量、能集中探寻的焦点、能让我们嗅出其中的基本前提、能开启出新的未来的种种可能。四是鼓励大家踊跃贡献己见。尊重和鼓励每个人的独特贡献，强调贡献除了可以促进知识的创造外，也可以培养社群。五是交流与连接不同的观点。来自不同背景的人从对话中开始懂得尊重彼此，也开始懂得体谅别人的意见为何与自己相左，包括多元化观点与合作思考。六是共同聆听其中的模式、观点及更深层次的问题。包括：在不泯灭个体贡献的基础上集中共同的关注点，孕育思想的一致性；注意倾听，串联和构筑出共通的想法；当人们鼓励彼此做更深入的思考时，最容易催生有创建的思维。七是分享集体心得。经过几回合的对话之后，再进行全体对话，集体知识的记录与呈现，并具有可执行性。[①]

① 朱安妮塔·布朗，戴维·伊萨克．世界咖啡[M]．郝耀伟，译．北京：机械工业出版社，2010.

通常我们交流用的是语言上的讨论、概念的碰撞。但是，越来越多的西方学者现也认为，真正的沟通是在静默中发生的，所有的形式、语言、表达，只是沟通的载体。最后，带着大家共同进入一种静默的沟通，才达到“听之以气”，实现默契和“操作信任”，那就是左上角的创意流动和共鸣的阶段。

世界咖啡屋的原理应用之一就是深度汇谈，深度汇谈是通过在所有对话者参与的同时，分享所有对话者的意义，从而在群体和个体中获得新的理解和共识的交流活动过程。深度汇谈并不是去分析解剖事物，也不是去赢得争论，或者去交换意见，而是一种集体参与和分享。深度汇谈仿佛是一种流淌于人们之间的意义溪流，它使所有的对话者都能够参与和分享这一意义之溪，并因此能够在群体中萌生新的理解和共识。在深度汇谈进行之初，这些理解和共识并不存在。这是那种富于创造性的理解和共识，是某一种能被所有人参与和分享的意义，它能起到一种类似“胶水”或“水泥”的作用，从而把人和社会黏结起来。

客观地讲，每个人如果都能真正地坐下来，产生心灵的碰撞并讨论的话，在这个喧嚣与浮躁的时代与社会，实际上是容易的，能坐下来，把心静下来、放下来其实就是成功。如果不同的人，静下心来的人能沟通的话，那一定能产生一系列新的创意。应该说，到咖啡屋是一种情致、一种品味，到咖啡屋进行碰撞、沟通更是一种提升与升华。在“地球村”渐趋渐近的时代，在物质愈加丰富而心灵愈加疏远的今天，更是需要。

第六章

咖啡时光：对工业时代时间暴政的反叛

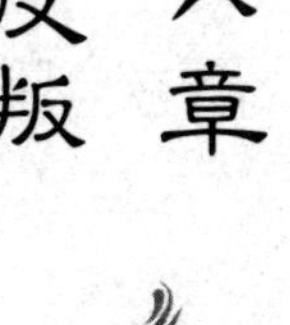

有必要探究一下，我们为什么到咖啡屋去耗费时光，潜意识是什么？内心深处谋求什么，渴望什么？或许，我们并没有思考这些问题；或许，到咖啡屋仅仅还是一个时尚，还是一个交朋结友的地方，还是一个谈情说爱的地方；至多是一个寻求创意、创业的地方。实际上，咖啡屋不仅仅是交朋结友的平台、思想碰撞的平台，还是创业的孵化器，到咖啡屋去，是对城市化、工业化、全球化导致我们成为工业时间奴隶的反叛；是寻求一种工业时代生存方式的暂时的解放，是寻求心灵自由的一种方式，或者说一个平衡。到咖啡屋去还可以感受传统古典诗词对时间与生命的感悟，并从中重塑我们对时间与生命的看法。这样，我们就得探究什么是时间，不是纯学术的探究，而是简要介绍我们能理解的哲学家、科学家等对时间的理解；进而探究工业时代时间体系的形成；分析工业时代“时间就是金钱、时间就是效率”观念的合理性与片面性。分析几千年农耕文明基因传承下，中国人是怎样不适应工业时间体制的。到咖啡屋耗费时光就是通过慢节奏、慢中国、慢思考，反抗工业时间体制的快工作、快节奏、快思考、快生活，使我们的身心得到平衡。建议现代公司要按咖啡屋的功能营运，把公司的打卡机换成咖啡机。

一、时间是生命的刻度

我们熟知屈原在《离骚》中对时间的感叹：朝发轫于苍梧兮，

夕余至乎县圃。欲少留此灵琐兮，日忽忽其将暮。吾令羲和弭节兮，望崦嵫而勿迫。张若虚在《春江花月夜》中对时间的考问：江畔何人初见月？江月何年初照人？人生代代无穷已，江月年年望相似。不知江月待何人，但见长江送流水。实际上，人类对待时间的态度就是对待生命的态度，认识时间的方式就是认识生命的方式。可以说，人类所拥有的最早和最基本的概念之一就是时间。

人类的时间观念主要来源于观察到的自然和人文运动的有序性，包含天体运动与历史进程，来源于此等有序运动的节律性或律动性。人类把太阳每次升落、无限循环往复中的每一往复的环节叫作一天、一日或一昼夜；“天”、“日”或“昼夜”就是太阳在空间运动中的一次循环或一次往复。每一天或每一日，太阳在天空中的位置移动同样是均匀有序、节律分明的，于是，人类又把一天划分为早晨、上午、中午、下午、傍晚和夜间。又如，春、夏、秋、冬自然物候的运动变化也是均匀有序的，同样是节律分明的。人类把物候的每次显著变化和下一次物候变化之间的时间流程划分为季节。春、夏、秋、冬四季合起来也是周而复始、循环往复的，一个四季过去了，又来一个四季，每个四季合成一年。在一个四季之中，从居住在北半球温带地区的人看来，太阳有时候偏南，有些时候当顶或基本当顶。太阳在天空中的“偏南”和“当顶”循环往复，周而复始，其有序性和节律性是显而易见的。太阳如此这般地循环一次，就称为一年。再如，月亮在人的视域中运行和变化，从圆到缺，从缺到圆，从盈到亏，从亏到盈，从朔到望，从望到朔，周而复始，循环往复，也是均匀有序、节律分明的。从一次月盈到另一次月盈，从一个朔日到另一个朔日，观察月亮运动变化的秩序和节律，按照这个节律循环一次，人们把它叫作一个月。

人人都关心时间问题，人人都具有某些时间观念，那么什么是时间？表面看来，很好回答，若加深究，就会感到极难回答。关于时间，奥古斯丁有一段名言："时间究竟是什么？没有人问我，我倒清楚。有人问我，我便茫然不解了。"[①]

时间应该是也必然是一个人类认识自然与社会的一个本原性的问题。历史上通常都是由哲学家和思想家去研究和思考，或者是由宗教来解释的。法国生命哲学家柏格森首开对于哲学的生命时间观的研究。他把世界的本质看作是生命冲动，把时间看作是生命的本质。柏格森认为，传统哲学离开了时间去研究生命、研究形而上学、研究事物的客观实在性，结果把事物看作一个不变的存在。其实事物是变化的，这个变化是在时间中发生的。

当现代哲学从人的存在切入到对时间的研究的同时，现代科学也开始了对时间的新的研究。爱因斯坦相对论的时空观可以视为科学从传统时间观向现代时间观转折的一个中间站。众所周知，爱因斯坦相对论推翻了牛顿的绝对时空，即把时间看作是与人和事物的运动无关的、绝对均匀流逝的传统观念，提出了时间一维与空间三维结合在一起的四维时空观念。但是爱因斯坦所推翻的只是时间与空间跟物体的质量和运动速度无关的思想，而牛顿力学中决定论的时间方程式，即可逆式时间仍然被坚持下来。[②]

现代科学的时间观也即"时间之箭"是由德国物理学家克劳修斯的"热力学第二定律"[③]奠定的。这个理论指出了时间箭头：时间

---

① 奥古斯丁．忏悔录[M]．周士良，译．北京：商务印书馆，1994：22.

② 1955年，爱因斯坦在信中这样说："对我们这些坚信物理学的人来说，过去、现在和未来之间的区别，尽管老缠着我们，不过是一个幻觉而已。"见[英]彼得·柯文尼、罗杰·海菲尔德《时间之箭》，江涛等译，湖南科技出版社，1995年版，第9页。

③ 热力学第二定律（second law of thermodynamics），热力学基本定律之一，其表述为：不可能把热从低温物体传到高温物体而不产生其他影响，或不可能从单一热源取热使之完全转换为有用的功而不产生其他影响，或不可逆热力过程中熵的微增量总是大于零。又称"熵增定律"，表明了在自然过程中，一个孤立系统的总混乱度（即"熵"）不会减小。

是朝着熵增大这个方向不可逆转地前进。在现代科学里，克劳修斯的热力学第二定律具有崇高的地位，人们普遍认为，物理学中所有其他的理论都可以被质疑、被推翻，但热力学第二定律是例外。①

霍金认为时间之矢至少有三个箭头：一是热力学的时间箭头，它指向的是无序或熵增加；然后是心理学的时间箭头，这就是我们感觉时间流逝的方向，在这个方向上我们可以记忆过去而不是未来；三是宇宙学的时间箭头，它指向的是宇宙的膨胀而不是收缩。霍金还指出，我们对时间方向的主观感受或心理学时间之箭是我们头脑的热力学时间之箭所决定的，这也就是说，我们必须在熵增的顺序上将事物记住。②

吴国盛教授认为："我们所有的时间经验都可以分成两类，一类是关于事件定时定位的标度时间经验，一类是关于人生短促或者无聊的慨叹，即对时间之流变的感悟。这两类经验就是两种原型时间经验，我称之为标度时间经验和时间之流经验，它们概括了人类所有的时间经验的性质。"③

二、时间就是金钱：工业革命的本质

随着单摆被运用于时钟，时钟的精度越来越高，到了17世纪

① 英国天文学家爱丁顿这样说："我认为，熵增原则——即热力学第二定律——是自然界所有定律中至高无上的。如果有人指出你所钟爱的宇宙理论与麦克斯韦的方程不符——那么麦克斯韦方程就算倒霉。如果发现它与观测相矛盾——那一定是观测的人把事情搞糟了。但是如果发现你的理论违背了热力学第二定律，我就敢说你没有指望了。你的理论只有丢尽脸，垮台。"转引自[英]彼得·柯文尼、罗杰·海菲尔德《时间之箭》，江涛等译，湖南科技出版社，1995年版，第150页。

② 史蒂芬·霍金：时间简史[M].长沙：湖南科学技术出版社，2001：134.

③ 吴国盛.时间的观念[M].北京：北京大学出版社，2006：2.

中叶，时钟的最小误差已由每天 15 分钟，减少到 10 秒钟。可携带钟表的出现，使时间开始扑向人类日常生活的每一角落。从前某件事情被指定在某个时辰完成，现在则被指定在几点几分完成。社会活动的时间分割越来越细，社会生活的节奏在无形中被加快。工业时代的时间体制正是通过机械钟表体现的，这种体现不仅具有精确性，更具有普适性。“在欧洲，人为的钟点，即机械的钟点，取代了历法世界的计时，冲破了占星学的半阴影，进入明朗的日常生活。当蒸汽力、电力及人工照明使工厂昼夜不停进行工作的时候，当黑夜可以转化为白昼的时候，人为的钟点，亦即时钟上标明的钟点，对每个人都成为不变的生活规则。这样，时钟在西方兴起的历史就是新的生活方式和扩展公众生活舞台的历史。”①

“几乎所有的技术发现和装置都与获取或节约时间有关，它们的目的都是为了克服‘慢’，提高速度。家庭日用器械、通信工具、交通运输工具如此，那些能够在小数秒的时间内完成用人工几代人才能完成的运算的计算机，也是如此。速度是到处受到尊崇的新的上帝，尽管以交通为例，它是以大量的事故和牺牲为代价的。”②

正如美国著名专栏作家克莉丝汀·路易斯·霍尔鲍姆所指出的，“古埃及人靠日晷仪和水钟来计时，而我们现在拥有的计时工具多的令人难以置信。我们不再仅仅依靠手表和火车站的时钟来确定时间，手机、数字闹钟、计算机都加入了这场时间的游戏。报时装置像电视一样渗透到了我们生活的方方面面。我们无法摆脱这种时空的现实，因为，我们就生活在此时此刻。按照存在主义的观点，我

① 丹尼尔·J. 布尔斯廷 . 发现者：人类探索世界和自我的历史［M］. 上海：上海译文出版社，1995：106.

② Samuel Ijsseling：“Time and Space in Technological Society”，转引自吴国盛 . 时间的观念 [M]. 北京：北京大学出版社，2006：102.

们与时间的关系决定了我们生活中其他的各种关系。这种关系揭示了我们如何看待世界，我们的杯子是半满还是半空，以及我们对自身与外界的关系的理解。简而言之，时间对我们来说意味着一切，而我们对时间毫无意义。”①

快捷是工业时代的又一价值标准，缺乏这个标准，工业社会便不复存在。工业时代人的生活完全由时间控制着，过去、现在和未来十分清晰而确定地展现在眼前。人们日常生活中有作息时间表、课程表、日程表；甘特图、鱼骨图、进度表。速度、迅捷、准时既是工业时代的特征，也是信息时代的价值标准。工业时间成为人们工作与生活的指挥棒，成了人们价值的最高标准。守时是工业时代的日常生活的一大突出特征。早起、上班、工作、下班，都被仔细地规定了。守时成了工业时代的美德，不守时间是工业时代的大忌。工业时代的社会生活使现代人发现，传统社会的人所持的时间观念是不对的，正是这种看法，使得现代人内心总是非常紧张，总是担心时间被白白地浪费掉。绝不能闲着，一定要有所作为。时间这时候就像一个高举着皮鞭的监工，驱使着人们奔波忙碌，只争朝夕。时间是最有价值的，浪费时间就是浪费生命，是所有的浪费中最大的浪费。

读西方的一些名人警句，我们发现，西方哲人在对时间的珍惜方面占据了很大篇幅。这些名言警句中，有一个最明显的特征，多是为自己的工作而争分夺秒。达尔文说：我的生活过得像钟表的机器那样有规则，当我的生命告终时，我就会停在一处不动了。

本杰明·富兰克林在《给年轻商人的忠告》一文中有这样一句名言：“如果一个人通过劳动每天能挣 10 个先令，可是他却出去玩

① 克莉丝汀·路易斯·霍尔鲍姆.慢的力量：颠覆“时间就是金钱”的观念[M].华珺，译.重庆：重庆出版社，2011：3.

了半天，或躺在沙发上消磨了半天，尽管他在娱乐和享受上仅仅花了6个便士，但那并不是他唯一的花费，因为除了他花掉的，他还失掉了本可以挣得的5个先令。”这句名言已经成为当代资本主义体系中的指导原则。读了这些话，感觉消磨时光就是消磨生命，就是犯罪。

正是基于这种观念，弗雷德里克·泰勒在1899年开始了著名的科学管理试验，力求使工厂的工人发挥出最大的效能。为了提高生产力水平，泰勒将工人分工按照顺序各自完成生产过程中的某一步骤，在历史上首次将劳动和完成任务所花的时间结合起来。不久之后，考勤钟的使用和准时的工作要求就成为早期资本主义社会的最大优点。整日忙忙碌碌曾经是精英阶层专有的生活趋向，拥有一只手表也曾被视为巨大成功的标志。

三、时间就是金钱：一个人类片面接受的观念

J. 里夫金在《战争的时间，在人类历史上的主要矛盾》一书中指出：“随着现代生活节奏持续的加快，我们开始越来越感觉到与地球上生命节律的脱节，我们不再能感到自己与自然环境的联系。人类的时间世界不再与潮起潮落、日出日落以及季节的变化相联系。相反，人类创造了一个由机械发明和电脉冲定时的人工的时间环境：一个量化的，快速的，有效率的，可以预见的时间。”[①]这是工业文明代替农业文明的必然结果：农民天然的依赖自然界的周期节律，而工业创造的各种工具设备和机械装置，形成了一个独立于自然界

---

① Rifkin.J. “Time Wars, the primary conflict in human history”, New York: Henry Holt, 1987, p.12.

而运行的人工世界，在大都市里，在工厂里，人们就生活和工作在这个人工世界中。时间不再是自然律动的象征，而是机器单调重复动作的象征，而人就被绑缚在这个单调的动作之上。

在工业时代的时间体制下，工作丧失了神圣性，工作时间自由被剥夺。各种时间安排策略、各种效率手册，还有什么时间管理学，都服务于对时间的分配，更好地服务于工业社会及后工业社会。工业时代的时间体制的目的，就是如何将一个人的真正的自由剥夺殆尽，把白领工人与蓝领工人统统编制进时间的网格化管理之中。任何人逃避不了工业时间体制的暴政。每个人都不得不紧张地从事符合自己的社会角色，而不是属于自己的角色。人们已经在工业时间的体制下，在疲于奔命的生活节奏中成为时间的奴隶，失去了自由之身与自由的心灵。

克莉丝汀·路易斯·霍尔鲍姆指出："追求效率本身并不是什么坏事。实际上，追求效率的驱动力和金钱毫不相干。这种驱动力更多的是来自于对我们都应该拥有的生活品质的追求，对于高品质生活来说，感觉时间紧张是一种不正常的心态。在这里，节约时间被理解为一种建立与时间之间积极关系的原则。通过减轻自身的紧迫感，避免那些既费时又与我们更高的目标相偏离的活动，我们就能同时间保持更好的关系。"①

四、中国人是怎样不适应工业时间体制的

虽然中国历史上不少名人提出珍惜时间的警句名言，比如，屈

① 克莉丝汀·路易斯·霍尔鲍姆. 慢的力量：颠覆"时间就是金钱"的观念[M]. 华珺，译. 重庆：重庆出版社，2011：3.

原的“日月忽其不淹兮，春与秋其代序。惟草木之零落兮，恐美人之迟暮”。岳飞的“莫等闲，白了少年头，空悲切”。鲁迅的“时间就是生命，无端的空耗别人的时间，其实无异于谋财害命的”。比如中国诗词中频频有珍惜时光的诗句，如“逝者如斯夫”“劝君惜取少年时”“阶前梧叶已秋声”“流光容易把人抛”“一年好景君须记”“一日难再晨”等。但不可争论的事实是，中国人对时间的认识是远远不够的。

中国“时”的古字就是从日，跟着太阳走；“间”，隙也，门缝里透出的月光。时间不过是昼夜。中国殷商时期的甲骨文，已有使用圭表的记载。《诗经·国风·定之方中》篇有，“定之方中，作于楚宫。揆之以日，作于楚室……”确切记载使用圭表的时间为公元前 659 年。人类最早使用的计时仪器是利用太阳的射影长短和方向来判断时间的，但日晷等太阳钟在阴天或夜间就失去效用。虽然中国人又发明了漏壶、沙漏、油灯钟和蜡烛钟等计时仪器，但关于一日 24 小时的划分，一小时 60 分，一分 60 秒，这些更精细、更科学的时间认识，中国人认识是不够的。机械表传到中国时，不过是皇室的玩物。

但作为来中国的第一个西学代表人物利玛窦发现，中国人似乎是用人生一世的久暂来衡量事物的，比如建造房屋只是为自己盖房而为子孙后代考虑的少。不像欧洲人那样遵循他们的文明的要求，根基深厚，富丽堂皇，似乎力求永世不朽。我想每位到欧洲旅游的中国人都会为欧洲教堂几百年上千年的历史而感慨。利玛窦决心将时间不朽的盼望带给这个国度。

中国的天文学与数学也只限于有权之人运用，只有极少数人有幸目睹苏颂的水运仪象台。利玛窦到达中国时，就注意到中国阴历经历了数百年，已有误差。钦天监预报日食，屡次不准。当时，时钟在西方已成为日常生活用品，而在中国却仍然是一种玩具。[1]所以，中国人对待时间流逝的态度就像孔子所说：“子在川上曰：逝者如斯夫，不舍昼夜”，泰然处之。

19 世纪末，美国传教士亚瑟·史密斯曾写过《中国人的素质》一书，他专门用了一个章节来写中国人“漠视时间”。“对中国人来说，盎格鲁—撒克逊人经常性的急躁不仅是不可理解的，而且完全是非理智的。很显然，中国人不喜欢我们的人格中所具有的这一品性，正如我们也不喜欢他们缺乏诚实一样。无论如何，要让一个中国人感到行动迅速敏捷的重要性，那是很困难的。”[2]史密斯把他观察到的中国人的缓慢行为归结为：“中国人的历史是属于大洪水之前的。它可追溯到太初时代，尔后则是混浊、舒缓、漫长的大河，其间不仅有挺拔的大树，也有枯朽的草木。除了较缺乏时间观念的民族之外，没有人会去编写或阅读这样的历史。”最有趣的是，史密斯认为中国人漠视时间正表现在他们的勤劳之中，他们不停地劳作，实际上是在不停地浪费时间，他们一点也不担心做无用功或者返工。

中国人对于时间，更多的是对当下的享受和人生的快慰，很少孜孜以求地去创造什么、发明什么。因此在中国关于时间的警句中，更多的是对岁月流逝的诗意感喟。

世界上时间观念很强的民族，一个是德国人，另一个就是日本人。德国人体现在严谨，日本人体现在态度。日本可以做到上班不迟到、会客不早到、列车很准时。日本的轨道交通都非常守时，尤其是新干线可以做到分毫不差。其实，日本人的时间观念并不完全缘于国民性，早期的日本人也不太守时。明治初期，日本没有钟表，

① 丹尼尔·J. 布尔斯廷 . 发现者：人类探索世界和自我的历史［M］. 上海：上海译文出版社，1995：86-89.

② 亚瑟·史密斯（明恩博）. 中国人的素质 [M]. 秦悦，译 . 上海：上海学林出版社，2001.

一些在日本传授科学技术的荷兰工程师们发现，日本人根本没有一点守时观念，生活悠然懒散，列车以及工人上班迟到的情况比比皆是。后来，日本学习了西方的24小时时间制，并加强了钟表的普及，又引进了美国先进的科学管理法，号召举国民众加强时间观念，经过80年左右不断的努力，遵守时间的观念已经成为日本一种默认的社会风气，并一直延续至今。反观中国人，差不多是最不守时的人。胡适先生从美国留学回国后，在《新青年》上发表《归国杂感》一文中说，“我回中国所见的怪现状，最普通的是‘时间不值钱’，中国人吃了饭没有事做，不是打麻雀，便是打扑克。”

其实，当下中国人是很有时间观念和很没有时间观念的复合体。一方面，中国几千年的农耕文明，一个慢节奏的文明，导致中国人时间观念差；另一方面，30多年改革开放，加快了中国现代化、工业化与城镇化的过程，导致中国人既不能适应工业时代时间体制的要求，不守时、不惜时，同时也不能忍受工业时间体制把人作为时间奴隶的状态。最为典型的案例莫过于富士康的十三跳。富士康的十三跳证明中国农民走向农民工的历程中身体进入工业时代，脑子还没有进入工业时间时代，即脑子还是残留着农耕文明粗放的时间观念，对精细化、流程化、守时的不适应。此外，富士康十三跳，证明工业时代初期的黑暗的劳工时代还没有结束，中国农民工在城镇化的过程中，在工业时代的时间暴政中，他们不仅是机器与流水线的附庸，是时间的奴隶，还被工业化与时间、资本异化的企业主随意处置；工业时代人的尊严，自由，休息权利，隐私权利等没有得到保护。不仅仅是富士康，中国很多企业也有类似情况，企业因在工业时间的异化下追逐最大的利润，工人不仅工作时间没有自由与尊严，工作时间也在不断延长，每天甚至工作12—16小时。从现代企业人所需要的精神皈依而言，压垮富士康那些年轻员工的并非一定是高强度劳动本身，也不是工资的多少，而是这些制度所包含的企业精神，是他们的灵魂被囚禁，梦想被粉碎，对生活失去了信心——根本上是企业没有把他们当作有灵性的人看待。

五、咖啡时间：把公司改造成咖啡屋

现在说的咖啡时间不是19世纪欧洲那些著名作家、画家、音乐家、哲人等在咖啡馆里写作、讨论的时间，也不是现在城市里所谓的精英在格兰维尔或者星巴克咖啡馆里摆pose、谈生意和男女情事的时间，而是现在许多跨国公司在上下午工作的中间给出15分钟让员工休息的时间。上午是10点到10点15分，下午是3点到3点15分。

为了让员工保持活跃的思维和充沛的精力，许多公司都在写字楼的茶水间配置浓缩咖啡机和上好的咖啡豆，向员工供应免费的“工间咖啡”，以此来提高工作效率，这个时间就叫作“咖啡时间”（coffee break），与此相关的还有一个词汇叫作“咖啡灵感”（coffee inspiration）。有作者写道：只需要清晨一杯咖啡就足以使我们拥有顺利度过一天的好心情。这也正是工间休息时喝咖啡的意义所在。鲁迅的名言“哪里有天才，我是把别人喝咖啡的工夫都用在了工作上。”其实，这句话不是很准确，鲁迅自己也是通过喝咖啡处理休息与工作关系的，也是通过喝咖啡激发灵感的。

“咖啡时间”是在严肃的办公场所，增加一块轻松的空间，给予员工的是关怀、温暖、激励、信任。作为一种公司亚文化，“咖啡时间”不但可以激发员工的创意和灵感，而且还是一种特殊的沟通方式，这就是“咖啡时间”所包含的“3C定律”，即Coffee（咖啡）、

Creative（创意）、Communication（沟通）。

Windows 操作系统的形象标识是窗口，而Java 操作系统则是一个冒着热气的咖啡杯。为什么选择咖啡杯？因为太阳公司（Sun）当年为技术开发人员提供的“工间咖啡”是产自爪哇岛的“Java”咖啡，“Java”咖啡激发了他们的灵感和创意，所以他们就以“Java”为自己的技术成果来命名，并且把咖啡杯作为形象标识。

在以人为本的时代，咖啡机也是一种有效的软管理工具。一杯香醇的热咖啡，使大家找到了家的感觉。同事之间有什么事情协商，最流行的一句话是：走，咱们去喝杯咖啡吧！员工在喝咖啡时，会遇到很多人，有熟悉的人，也有不熟悉的人，每个人都有自己的信息，在聊天时，往往会有意无意地讲述一些自己知道的事情，或是重大新闻，或是逸闻趣事，其他人自然也就获得了这些信息。这跟企业有计划地组织员工学习是一样的，而且由于其主动性和随和性，效果往往好于正式的学习。

员工在工作时遇到一些困难，自己解决不了，甚至同事也帮不上忙，于是就在喝咖啡时将此问题提出来。由于喝咖啡的人来自不同的部门，其学科知识、教育背景、思维方式不一样，而有些问题恰恰需要跨学科的知识才能解决，或者换个思维方式才能解决，这样大家你一言、我一语，问题往往就解决了。有些问题可能没有当时解决，但有些有心人记下了，过几天就可能打来电话，说找到问题的答案了。

任何一个企业的成功，都离不开员工的合作。如果员工相互不熟悉，甚至不认识，一起工作时就会有戒心，合作就不太容易。相反，如果员工都非常熟悉，都是好朋友，工作时自然就会好好合作。咖啡时间就为员工提供了一个相互认识、相互交往的平台。此外，部门与部门之间也不再是独立王国，大家经常可以在咖啡机旁碰撞、交流，上司与下属之间也有了更好的沟通渠道。

休闲时就不能工作，工作就不叫休闲，休闲和工作看似相互矛盾，但实质上却是相互联系，相互补充的。正如马克思所说："个人的充分发展又作为最大的生产力反作用于劳动生产力。"[①]人是自然属性、社会属性和精神属性的统一体。因此，休闲是员工不可缺少的需求。休闲对于提高劳动生产率具体体现在三个方面：第一，员工在休闲时，身心放松，能够恢复在工作中损失的体力和精力；第二，休闲使员工回归自我，从而在工作时会主动，而不是被动；第三，休闲可以提升员工的精神文化水平和智力素质。

咖啡其实就是把商业转化为一场有趣的游戏，它把严肃的写字楼变成了轻松的咖啡馆，它给予员工的是关怀、温暖、激励、信任……正如在公司设置咖啡时间的公司的员工一样应该有这样一个感觉：在公司工作，是在享受一种高品位的生活，只要你在工作中找到了生活的乐趣，就能将公司品牌的快乐内涵传递给周遭的人群。

六、咖啡时光就是对工作时间体制的反叛

或许从农耕文明向工业文明转型的本质，就是人类从"日出而作，日落而息"的生活向一周 7 天、一天 24 小时转变；从按天计算转向按小时、按分按秒计算的转变；从日晷计时向钟表计时转变。从依赖土地生存向依赖工厂、流水线、公司生存转变，开始过起"朝九晚五"的白领生活。或许，工作的本质也许是基于生存、基于责任的缘故，我们必须回到办公室，必须坚持不喜欢也要参与办公室政治，必须自觉不自觉地把自我生命的闹钟的发条上紧。我们生命

① 马克思、恩格斯．马克思恩格斯全集 [M]．北京：人民出版社，1979：225.

中的一切，无论肌肉、神经、细胞，还是心灵，都自觉不自觉地处于警惕的状态。

研究发现，办公室工作人员无法对某一项任务持续关注 3 分钟以上，这意味着工作效率下降。时间就是金钱这种偏颇观念反而让我们损失很多钱，它还会耗费我们的时间。在工业化国家，心脏病、抑郁症等跟压力有关的疾病比其他疾病使人们浪费更多的时间。为了充分利用时间，我们反而失去了一些时间。解决办法是把我们从富兰克林的“时间就是金钱、时间就是效率”的名言中解放出来，时间不完全是金钱，也不完全是效率。

在现代社会，当人不断地创造物质文明的同时，人自己也被社会分工和机器生产所肢解，人成为“断片”，成为“单向度的人”；当人努力矗立起一座座高楼大厦，让成千上万的人聚居于现代都市的同时，人与人之间又相互成为“陌生人”，人的心灵被隔绝、幽闭了，每一个人都成为“异乡人”，他已无处寻觅自己的家园。“异乡人并不只是站错了位，从绝对意义上说，是无家可归”。[①]现代文明毫不留情地废弃原有的文明，义无反顾地斩断与传统的直接关联，给人带来了“异化”和“人的质的堕落”，使得人与自然相割裂，与传统相割裂，与他人相割裂，也将自身割裂了。在现代生活表面的繁华下，人孤零零地无所依傍，人失去了自己的“家园”。这就不能不令人怀恋前现代的自然状态、整体状态和圆融状态，不能不怀恋曾经给他的心灵烙下深深印记的失去了的传统。

俄罗斯思想家别尔嘉耶夫指出：“时间中有恶本原，即致命的和消灭的本原，因为过去的死亡其实由无数的下一个瞬间带来；这些瞬间陷入非存在的黑暗，这种非存在也是在时间中完成的，它是死

① 齐格蒙特·鲍曼 . 现代性与矛盾性 [M]. 邵迎生，译 . 北京：商务印书馆 2003：100.

亡的本原。未来是过去所有瞬息的杀手。”[①]

在谈到工业化、城市化、现代化的进程时，研究现代化的美国著名学者伯曼说：“正是开发的过程，甚至在它把荒原变成一个繁荣的物质空间和社会空间时，都在开发者自身的内部重新创造出了那片荒原。这就是开发的悲剧起作用的原因。”[②]现代化为社会带来巨大的物质繁荣，以涤荡一切的气势驱逐愚昧和落后，可是，同时却为人造成了精神荒原，这不仅仅因为不间断的迅速变化割断了传统，割断了文化之根，割断了人自身的连续性，把人投入到一个陌生世界，还是由现代文明的本性所决定的。

时间向来就是权力。谁控制了计时体系、时间的象征和对时间的解释，谁就控制了社会生活。中国古代皇家对天文和历法的垄断，就显示了这一真理。在欧洲中世纪，教会垄断了历法权，钟声从修道院里最先飘出，时间潜在的威权亦可见一斑。中国皇帝和欧洲教会对时间体制的垄断，垄断的是对人与自然、人与上帝之关系的解释权。然而，这种情形在今天发生了根本的变化，垄断权不再由一个社会集团交给另一个社会集团，相反，所有的人全都丧失了时间的垄断权——钟表自己行走，越走越精确。工业时代创造了一个人工的世界，它的时间体制被独立出来，成为一个异在的力量。看起来某些人支配着另一些人的时间，可是支配者又受着时间的支配。不再是某些人垄断了时间体制，而是时间体制支配着所有的人，时间开始显示它的暴政。

正如我们需要破除思维的线性特点的限制，从而还原头脑与心灵的全然状态一样，我们也有必要破除以时间线索来记录生命过程之习惯所导致的限制，还原生命固有的鲜活、全然与自在喜悦

---

① 别尔嘉耶夫．历史的意义 [M]．张雅平，译．北京：学林出版社，2002：55.

② 转引自戴维·哈维．后现代状况 [M]．阎嘉，译．北京：商务印书馆，2003：26.

的本性。

钟表社会学的、单调乏味的、线性推进的时间观念，与人类社会无限进步、不可逆转的单向时间观相结合，构成了工业时代典型的时间观，斯宾格勒称之为浮士德时间观。这种时间观由于远离自然的生命节律，而受到怀旧思想家顽固的、坚持不懈的反对。万物自然的生生不息、循环不已，唯有生命的循环才有生物圈的稳定，才有人类生存的家园。我们到咖啡屋享受咖啡时光，实际上是逃避时间暴政，逃避逻辑暴政，逃避理性暴政；追求自由、追求独立，获得感性、获得灵感、获得友谊。

那么，我们为什么习惯于从时间出发来观察和实践生命呢？细细思考，发现在那背后有一个关于生命意义的定义，所以，就有了选择。这个选择首先可能表现为空间上的选择，但时间是伴随发生的。换句话说，只要有关于生命价值与意义的选择，就一定有时间的选择。久而久之，我们可能已经忘记了，或者模糊了生命的意义，但时间却成为时时存在并刻印在心头的制造紧张的机制。

当我们对生命的意义做出定义与选择的时候，我们就已经用深具线性特点的头脑思维把完整的生命全然分割了，并且抛却了绝大部分生命的内容。生命的存在，本身是超越一切关于生命意义思考的、并且难以用思维来界定的最大的“意义”。当然，我可以选择在有限的时间里过着紧张而有意义的生命过程，我也可以选择在无时间限制的状态中享受无限的生命过程。不管是怎样的选择，我都可以先来觉察时间以及时间背后关于生命意义的定义与选择。

我们在工业化时代的今天，可以肯定地说，这个时代是崇尚快捷的时代，速度和效率是大工业时代的标志。“时间就是生命，时间就是金钱”，成为改革开放的时代的座右铭，影响了整个世界。自大工业时代以来，对速度的崇拜让快文化占据了人们的潜意识和价值体系，使得越来越多的人开始沦为时间的奴隶。“快”无处不在，信息有“快报”“快讯”“快信”，传递有“快递”“快运”“快件”，出行有“快的”“快艇”“高铁”，唱歌有“快歌”，摄影有“快照”，婚姻有“闪婚”，写作有“快枪手”，餐饮有“快餐面”，连购物都时兴“秒杀”。

没有时间感的中国人变成了最着急最不耐烦的人，“一万年太久，只争朝夕”。于是，钢铁产量要超英赶美，就全民大炼钢铁，结果造成人力、财力的巨大浪费；想要跑步进入共产主义社会，结果一个大跃进几乎把一个民族推入绝境。而今很多工程不按照科学的进度，只是为了政治影响和政绩工程，向节日献礼等，结果搞成了豆腐渣工程。在十字路口，绿灯亮时，前车启动稍慢，后面的喇叭声就响成一片。车辆闯红灯，行人不走人行横道，就因为等不了一分钟、甚至几十秒的时间。在银行等公共场所，只要一排队就心情急躁，想插队的比比皆是，因此而打架的人也不在少数。到了餐馆，上菜稍慢就脾气暴躁、恶语相向。很多中国人，拼命地赚钱，快餐果腹，行色匆匆。这是时代加重的烦躁症，既然可以快，就决不能慢。结果过劳死、抑郁症、亚健康等开始笼罩职场，阴魂不散，急功近利的育儿方式开始剥夺孩子宝贵的童年。当暴戾的情绪在整个社会迅速蔓延时，所有人都成了物质的奴隶，被欲望所控制。

克莉丝汀·路易斯·霍尔鲍姆在《慢的力量：颠覆“时间就是金钱”的观念》一书中指出：实际上，我们甚至没有意识到很多时候我们都得益于与时间的这种亲密关系。时间界定了我们的身份，它是万物立足的参照点。遗憾的是，我们同时间的关系是一条单行道，我们需要时间，时间不需要我们。

“希望我们能改变看待时间的思路——不应该与时间对抗，而是应该去接纳和享受时间，将最想做或最易做的事情留到最后，以

避免拖延。慢并不意味着停下来，慢意味着集中注意力。可以把慢的力量定义为当你接受人生真正的目标时所释放出来的无与伦比的力量。专注力加上与时间之间积极的关系会让你无法停止脚步。”①

人生就是一场旅行。如果从一开始就只顾快，直奔终点而去，而忽略沿途的风景和享受放松的心情，那么我们人生的意义何在呢？如果我们已经远离了自然、森林、草地、花鸟虫鱼、灿烂的阳光、新鲜的空气、悦耳的自然交响曲，远离了土地、河川，那么一切回归自然都成了空想。所以，我们要适时离开办公室，到咖啡屋放松我们的肌肉、神经、细胞、还有心灵，去感受内心自我的灵魂，激发潜在的意识、逻辑中断的发现。

慢可以看作是一个名词，它是无形的，然而却可以散发出一种力量，强大到足以永远改变你的生活。慢不仅仅只是快的反义词，它是你生命的源泉，从慢速中体会到的力量更强大。这种与真正的生活目的相协调的感觉，会让你自由地享受自己希望的生活状态。放慢脚步，给自己时间去思考，了解自己的处境，你会更清楚做这一切的意义所在。有了明确的想法，会做出更明智的选择，而不是匆忙之中的草率决定。慢的力量不仅仅在于维持生活与工作的平衡，尽管这也是其中的一部分。慢的力量体现在通过与时间、与自己以及整个世界建立起一种积极的关系来实现自己人生的目标。慢的力量，是一种来自于宁静而非狂乱的特质，同时会告诉你如何将这种力量融合到你的日常生活中去。

著名作家、诸多文学奖获得者昆德拉认为，“慢生活”是事业成功而又健康的关键，“慢生活”状态应该是每周一小休、每月一中休、每年一大休。慢，有时是一种生活态度和生活方式，是一种

---

① 克莉丝汀·路易斯·霍尔鲍姆.慢的力量：颠覆“时间就是金钱”的观念[M].华珺，译.重庆：重庆出版社，2011：11-12.

安排好生活和工作的能力，也是一种对有限生命资源的保护和储备。著名“慢生活”倡导者卡尔·霍诺认为，“慢生活”不是支持懒惰，放慢生活节奏也不是拖延时间，而是让人们在工作和生活之间找到平衡。到咖啡屋去消磨时光就是在快工作与慢生活中找到平衡点，就是在快工作中找到关键点与创意创新点，就是在工业时间体系的暴政下，寻求自我心灵释放的时光与空间。相对于酒吧而言，这种欢宴与语言的交流的融合使咖啡屋成为城市生活行为中一个独特的场所。

我们经营咖啡屋的主人有时缺少对咖啡文化的认识，缺少对咖啡时光的尊重，缺少对咖啡屋功能的理解。在中国的咖啡屋，大家一定会感受到“第二杯白水”的含义，就是说，当服务员递上第二杯白水时，就是说，你在这里坐的时间太长，通过这种“文雅方式”撵人。但是，在欧洲，任何一家咖啡屋内，只要客人喝了一杯咖啡，主人就不会借用任何尴尬的手段提醒客人继续消费，或者暗示客人应该离开。在欧洲，咖啡屋与其说是消费场所，不如说是社交场所，是市民家中客厅的向外延伸，是社会生活的重要驿站。

当今我们抗拒工业时间的根本办法就是要从“时间就是金钱、时间就是效率”的片面观念中解放出来，到咖啡屋去，用生命去诗化时间，把咖啡屋看作“诗意的栖居”。通过咖啡时光去超越时间的意识，追求在瞬间中把握永恒，让时间之光烛照自己真正的人生，使自我人性呈现出瞬间澄明的本真之美。

在工业时间体系的无情法则面前，我们可以到咖啡屋去感悟苏轼的“回首向来萧瑟处，也无风雨也无晴”的从容与“一蓑烟雨任平生”的豁达。

第七章

慈善咖啡：商业、慈善两不误

随着社会的发展，时代的进步，人们对生活质量的追求越来越高，随之而来的生存压力也越来越大。于是，人们开始寻求放松自己的方式，以释放压抑已久的灵魂和青春。人们需要一个地方：既能释放自己的青春、缓解自身压力，又能寻求灵感、构建新的社交网络；需一个物质与精神双向流动的空间：在为自己的事业、心灵、情感做出努力的同时，也能为社会做一些有意义的事。换句话说，就是在解放自己的同时，也能帮助他人。

到咖啡屋去！那里有创意的思维、创新的激情、创业的梦想；在疲惫之中，在反抗时间暴政的同时，做一些有利于他人、社会的事情，并将此发展成事业。这就是咖啡屋的慈善事业。

一、慈善咖啡：咖啡的慈善之旅

王惠云女士的《墙上咖啡》一文在纸质媒体和网络媒体发表后，引起人们的极度关注和热议。可以说，该文为中国咖啡屋的慈善事业提供了一个全新视角。她这样写道：一日，我和朋友在洛杉矶附近威尼斯海滩一家有名的咖啡厅闲坐，品着咖啡。这时进来一个人，在我们旁边那张桌子坐下。他向服务生说："两杯咖啡，一杯贴墙上。"他点咖啡的方式令人感到新奇，我们注意到只有一杯咖啡被端了上来，但他却付了两杯的钱。他刚走，服务生就把一张纸贴在墙上，上面写着"一杯咖啡"。这时，又进来两个人，点了三杯咖啡，两杯放在桌子上，一杯贴墙上。他们喝了两杯咖啡，付了三杯的钱然后离开了。服务生又像刚才那样在墙上贴了张纸，上面写着“一杯咖啡”。

几天后，我们又有机会去这家咖啡店。当我们正在享受咖啡时，进来一个人，来者的衣着与这家咖啡店的档次和气氛都极不协调。一看就是个穷人，他坐下来，看看墙上，然后说：“墙上的一杯咖啡。”服务生以惯有的姿态恭敬地给他端上一杯咖啡。那人喝完咖啡没结账就走了。我们惊奇地看着这一切，只见服务生从墙上摘下一张纸，扔进了纸篓。此时，真相大白，当地居民对穷人的尊重让我们感动。

据中国之声《全球华语广播网》报道：在加拿大的三个城市，最近连续出现了某一位顾客用自己的钱请其他顾客免费喝咖啡的事。

实际上，王女士提到的“墙上咖啡”在媒体上用得更多的词汇是“待用咖啡”。“待用咖啡”的意大利语是 caffesospeso，这个传统起源于意大利南部城市那不勒斯的咖啡馆。在那里人们可以提前多买一两杯咖啡，给其他可能比较贫困的咖啡爱好者享用。囊中羞涩的顾客可以问问是否有“待用咖啡”，如果有就可以不用付钱也能喝上一杯热热的咖啡。

这些故事至少给我们提出以下四点思考：第一，为什么世界各地的咖啡屋盛行这种“墙上咖啡”或者“待用咖啡”？也就是说，社会为什么需要慈善？第二，消费者为什么信任咖啡屋的经营者？在上海，浦东图书馆里有家咖啡馆在店内贴出了提供“待用咖啡”的提示，每天提供 4 份，同时倡导顾客为低购买力的人士额外购买一杯咖啡。发出倡议之后，这家咖啡馆已经在网上售出了十几杯“待用咖啡”，却始终无人领用。这种有捐无用的咖啡慈善困局实则是一场社会信任的困局。换句话说，没有信任，是否还有慈善行为？

第三，在西方商业社会中，咖啡屋为什么能商业、慈善两不误？第四，咖啡屋服务生的服务姿态为什么值得称赞？或者说，慈善的方式是否要顾及，以及怎样顾及受益者的尊严？

对此，我们首先要弄清：社会为什么需要慈善，以及从郭美美事件怎样看中国大陆慈善困境；其次，没有信任的文化就没有慈善。在中国这个低信任文化的社会里，或者说，在一个只依靠熟人并"宰熟"的时代，怎样建立信任的文化、信任的资本、信任的制度；再次，怎样借助跨界造就商业与慈善两不误；最后，怎样做好咖啡慈善：一杯咖啡，一个世界，一个选择，一份传递。

一般来说，咖啡屋的消费群体主要是城市白领阶层或精英群体，这说明喝咖啡已成为他们的一种生活方式。但慈善咖啡的本质是：如何既能让穷人，即喝不起咖啡的人有尊严地品尝，又能让没有喝咖啡习惯的人主动走进咖啡屋进行一种慈善的选择。若能实现，那时咖啡屋则代表着一种风尚，除了饮食消费的生活风尚外，还是思想交流的风尚，慈善的风尚，时代变迁中永不褪色的行为品德风尚。

二、社会为什么需要慈善？

慈善是什么？慈善是一个民族社会文明度的标志。慈善远远不只是钱和物，比钱与物更重要的是慈善者的心。

一个发生在美国的真实例子可以很好地说明这个道理。2007 年 2 月 16 日，在美国得克萨斯州的一个庄园内，刚刚卸任的联合国秘书长、2010 年诺贝尔和平奖获得者安南与美国众富商和社会名流正在举办一场"为非洲贫困儿童筹款"的慈善晚宴。一个名叫露西的小女孩捧着她的全部储蓄来到庄园门口，却因为没有请柬被保安阻拦。小露西望着保安说："叔叔，慈善捐的不是钱，是心，对吗？"这句话打动了全球著名投资商巴菲特，他亲自带小露西走进庄园。当天晚宴的主角不再是倡议者安南，也不是捐赠了 300 万美元的巴菲特，而是仅捐出 30 美元 25 美分的小露西。晚宴的主题标语也变成了这样一句话："慈善不是钱，是心"。慈善，由心而发，因善而为，从宏大叙事变成日常生活，让每一个心存慈善的人参与其间，感受到的不仅是一种责任，同时也是一种快乐。

我们知道，在一些国家富人参与公益是非常普遍的现象。从当年的"石油大王"洛克菲勒和"钢铁大王"卡内基，到当代的比尔·盖茨和巴菲特。在美国，热心慈善事业早已成为富豪们的一项义务和道德要求。许多富豪认同卡内基的一句名言："在巨富中死去，是一种耻辱。"2008 年 6 月 26 日，世界第二大富豪、"股神"巴菲特决定向 5 个慈善基金会捐出其财富的 85％，约合 375 亿美元，这是美国和世界历史上最大的一笔慈善捐款，其中约 300 亿美元捐给了比尔·盖茨及其妻子建立的基金会。盖茨夫妇此前已捐赠了近 300 亿美元。比尔·盖茨和巴菲特应该是中国富人的楷模。根据福布斯统计，十年内美国富豪对各类慈善的捐赠总额超过 2 千亿美元，最富有的 20% 的富人捐的钱占所有的钱的 2/3。

但并不像许多人想象的那样：美国捐赠善款的人，大部分来自公司财团，其实，75.6% 的善款来自个人捐赠者。如果算上个人去世后向社会捐赠的遗产，那么个人捐赠占全部善款的 83.4%。在美国，个人捐款来自各个收入层次的普通公民。在家庭收入 10 万美元以下的家庭中，有 65% 是参与捐赠的。普通公民的捐赠意愿和捐赠行为是一种宝贵的社会资源。

美国纽约健康增进学院曾对 1700 多名经常做义工的妇女进行分析，发现她们为别人提供帮助时，自己的生理、心理疾病逐渐减

轻甚至消失。有88%的义工感觉自己安全、健康、舒畅、幸福；她们说做完义工后，觉得平静自在，很有价值感。

心理学家对这种现象进行研究，发现“助人者快乐”的原因是大脑分泌出的内吗啡呔在起作用。这种化学物质会令人兴奋，感到快乐、平静、满足。美国一家专门调查机构曾在全世界22个国家调查人们的“快乐水平”。结果显示：美国人的快乐水平最高，有46%的美国人对自己的生活感到快乐；其次是印度，37%的印度人每天都乐呵呵地生活着。盖洛普民意调查组2010年按个人捐赠、志愿劳作和施助于人三项指标给全球慈善热忱度排名，澳大利亚位列第一。调查中的平行数据也显示：越是热衷于慈善的国家，国民快乐指数就相对越高，习惯为慈善机构捐赠的人比不捐赠的人的快乐指数高43%，志愿者比非志愿者的快乐指数高42%。

我们还知道，红十字会是一个遍布全球的慈善救援组织，是全世界组织最庞大，也是最有影响力的组织，几乎成为一个人尽皆知的慈善组织。中国红十字会当然也包括在内。红十字，代表着对人关怀而有同情心，是一个仁慈而善良的标志。红十字会本该是一些真诚、热情而又充满爱心的人们自主自愿奉献仁慈和善良的组织。他们的组织和成员该受到信赖、爱戴和尊重。然而，一个叫郭美美在网上炫富的女孩，引发了网友们对中国红十字会的一系列质疑。同时，因“郭美美事件”官方公益所遭遇的信任危机，为民间慈善提供了一个机会。但伴随着民间公益的崛起，依然有质疑声。比如，云南“慈善妈妈”[①]被实名举报。官方慈善与民间慈善双双受到质疑，

① 慈善妈妈：王玉琼，2003年1月15日不幸丢失儿子，因寻子多年千金散尽，而后东山再起。2011年年初，云南当地媒体纷纷以“女老板（或千万富婆）寻子八年”为题，大篇幅报道了“悲情妈妈”王玉琼艰辛寻子的历程。在接受多家媒体采访时，王玉琼无一例外都会提及自己将斥资500万建造敬老院、以儿子“王誉”的名字命名敬老院一事。“慈善妈妈”的美誉自此而来。

这背后更深刻的原因是什么？

主要还是信任度的问题。福山[①]认为，低信任的社会是指信任只存在于血亲关系中的社会；高信任的社会是指信任超越血亲关系的社会。[②]中国几千年的农耕文明，近两百年的现代化的曲折历程，导致中国还是一个低信任的国家，还是一个缺乏国与家中间组织的社会。或许，中国现在就处于一个由低信任社会向高信任社会渐变的过程。缺乏信任，没有信任，就没有慈善。

记得20多年前，笔者觉得书本的知识没用，于是到民营企业兼职。当时的老板对我说的一句话让我刻骨铭心，他说："你们当老师的最大的缺点就是，见人把人当好人，我们办企业的见人就把人当坏人。"此话说得是否极端，我们不去计较。但是，在当今中国社会，人与人之间缺乏信任，企业、政府、个人之间缺乏诚信，是一个不争的事实。基于这个判断，还有谁敢在咖啡屋里尝试"墙上咖啡"或"待用咖啡"，做生意时兼顾慈善？所以，建立慈善咖啡要先从建立诚信开始。

三、没有信任，就没有慈善

中国古人就用"一言九鼎""一诺千金"等成语来比喻承诺的分量和贵重。孔子说："人而无信，不知其可也。"《论语》中曾子说，

---

① 弗朗西斯·福山（Francis Fukuyama），日裔美籍学者。哈佛大学政治学博士，现任约翰霍普金斯大学、保罗·尼采高级国际问题研究院、舒华兹讲座、国际政治经济学教授，曾师从塞缪尔·亨廷顿。曾任美国国务院思想库"政策企划局"副局长。著有《历史之终结与最后一人》《后人类未来——基因工程的人性浩劫》《跨越断层——人性与社会秩序重建》《信任——社会道德与繁荣的创造》《政治秩序的起源：从前人类时代到法国大革命》。

② 福山．信任——社会道德与繁荣的创造[M].呼和浩特：远方出版社，1998.

每天要三省吾身，其中之一就是“与朋友交而不信乎”？子夏也曾说过：“与朋友交，言而有信。”无论是中国的《论语》，还是西方对人有道德约束作用的《圣经》，都非常强调信任对于社会的重要意义。这正如美国现代哲学家希赛拉·鲍克所强调的那样：“信任是一种社会财富，应该像我们呼吸的空气或饮用的水一样得到保护。当信任受到破坏，作为整体的社会也会受到破坏；信任被毁后，社会也就瓦解了”[①]。

福山认为，信任是一种普遍的文化特征，是人们从一个规矩、诚实、合作、互惠的行为组成的社区或群体中、从群体或组织内共享的规范和价值观中产生出来的一种期待。信任的产生和形成：一是依赖于人们共同遵守的规则；二是依赖于群体组织成员的素质。当交往的人们认同共同认可的道德价值观，并在行动中践行之，信任自然产生了。信任是如何产生的呢？ 福山认为只能在人性中来寻找。因为，人是一个矛盾体，既狭隘自私，同时又不得不与社会交往，可以说没有社会交往的人本质上不是人。所以，这就决定了人天生就有一定的解决社会合作问题和创立道德准则、进行和限制个人选择的自然能力。这种能力是产生和形成信任的来源。

可见，信任不是一个单纯的心理概念，也不是一个简单的社会问题，更不纯粹是人们理性计算的结果，它实际上包含了心理、社会、经济、文化、管理等多个层面。信任的出现，首先是源自于人与人交往过程中产生的个人的心理现象；同时，它也是人与社会关系的产物，是社会交往的逻辑起点，是人们在社会中和谐互动的行为规范。信任并不仅仅是技术运作的手段、工具理性计算的结果，它还是一种社会美德，一种社会经济文化现象，一种社会的伦理道德，

① 鲍克．说谎——生活和事业中的道德选择[M]．张彤华，王立影，译．长春：吉林科学技术出版社，1989.

甚至，它还是组织控制的机制，是维持组织绩效与维系组织生存的重要影响因素。经济学家认为，信任是人们为了规避风险、减少交易成本的一种理性计算。

从市场经济的形成和发展来看，人的理性是其中重要的推动力量。从亚当·斯密的《道德情操论》到马克斯·韦伯的《基督教新教伦理和资本主义精神》都有很好的阐述。表面上看，市场交换是一种与道德无关的交易，然而实际上这种交换却给互惠赋予了道德含义。市场交换促进了互惠的习惯，使之从经济生活发展到道德生活，同时道德交换也增进了参与者的私利。

马克斯·韦伯认为：中国人的信任是建立在亲戚关系或亲戚式的纯粹个人关系上面的，是一种凭借血缘共同体的家族优势和宗族纽带而得以形成和维系的特殊信任，因此对于那些置身于这种血缘家族关系之外的其他人即“外人”来说，中国人是普遍的不信任。[①]换句话说，中国社会是一个“熟人社会”。中国人首先相信有血缘关系的人，父母、子女、兄弟姐妹、家族成员；然后是姻缘，再是地缘，一路扩展开去。这种“熟人社会”，必然导致一个缺乏诚信的社会，一个身份社会；而市场经济的核心不是一个“熟人社会”而是“生人社会”，一个契约社会。古代有周幽王烽火戏诸侯，诸葛亮破坏吴蜀盟约，私取南郡。封建社会的国家“失信”导致上行下效。中国人的社会行为标准不是是非，而是像柏杨在《丑陋的中国人》中指出的那样，“以官的标准为标准”。

一位名叫亚瑟·亨·史密斯的外国人，在100多年前撰写的《中国人的素质》中就直白、一针见血地指出：中国民族善于撒谎，大都轻诺而不践约，认错的本领和揩油的本领都很大，并且对于孔孟

① 马克斯·韦伯.新教伦理与中国资本主义精神[M].南宁：广西师范大学出版社，2010.

二圣的假装害病大有可议之处。从汶川地震期间不少文艺名人、文化名人诈捐可窥探出中国慈善初级阶段的一些乱象。有钱不做慈善也未尝不可，但要把自己放到道德的制高点上，塑造慈善形象而诈捐则不能容忍。

福山在他的《信任——社会道德与繁荣的创造》一书中，把美国、日本、德国看作高信任社会，将中国、法国、意大利看作低信任社会。与美国、日本的情况相比，中国社会不是国就是家，缺少中间组织，只有国与家的社会只是一个熟人社会，人与人之间的交往少，交往过程缺乏信任；中国人的信任关系只存在于血缘亲属之内，基本不能拓展到血缘之外。这也使得中国的民间企业一般以家庭企业为主，家族企业规模一般很小，家族企业传承基本富不过三代。

虽然福山等学者对中国社会缺乏信任的分析入木三分，几千年的农耕文明就是一个血缘社会、熟人社会，对外人初始信任度较低的社会。但随着中国现代化进程、工业化进程与城镇化进程，人们交往的频度加大、交往的半径拓展，自然开始从熟人社会逐步向生人社会转型，交往过程中逐渐增加了对外人的信任度，社会不得不开始从低信任度的社会向高信任度社会转型。无论是170年的现代化历程，还是30多年改革开放的历程，都在证明中国开始从一个农耕文明的社会向工业文明的社会转型，从一个熟人社会向生人社会转型，从重农主义向重商主义转型。人与人交往的频率、交往的方位也在增加。信任的成本也在逐步提高，这应该是规律性的结论。

四、跨界：商业与慈善双赢的新路径

跨界（Crossover）就是突破原有行业惯例、通过嫁接外行业价值或全面创新而实现价值跨越的品牌行为。跨界是对专业化的一次反叛，它让原本毫不相干的领域或元素，相互渗透、相互融汇，带来新的观念或生活方式，帮助品牌跨出本领域，跳出竞争困境。[①]

从本质上来讲，跨界不是发明，而是创新和创意，它强调的是方法。跨界的使用面非常广泛，有产品跨界、服务跨界、设计跨界、情感跨界、品牌跨界、促销跨界等。跨界也不等于创新，而是创新的一种形式。它是通过旧元素的重新组合、联接，甚至逆向，来寻求共同价值等手段实现增长目标。[②]

在第五章，我曾专门探究跨界思维问题。指出，跨界思维就是大世界、大眼光，多角度、多视野地看待问题和提出解决方案的一种思维方式。它不仅代表着一种时尚的生活态度，更代表着一种新锐的思维特质。跨界思想的前提是拆除思想的藩篱，打破思维的界限。

跨界导致交叉与融合的新产业涌现，导致商业与慈善矛盾的两极连接在一起，既可盈利，也可慈善。在商业运营中做慈善，在坚持慈善中维持商业健康、良性的运营与发展。

Panera Cares 咖啡馆，看上去跟大部分星巴克和 costa 没什么区别，菜单、热咖啡，还有一盘盘新鲜出炉的各式面包。不过这家咖啡馆是典型把咖啡屋营运与慈善跨界结合的范例。Panera Cares 咖啡馆的创始人 Ron Shaich 之前已经在经营这家美国知名的快餐连锁企业，但 Panera Cares 咖啡馆不同于其他所有经营项目。“付你所能，取你所需”，咖啡馆里对所有食物有一个参考售价，但具体付多少钱则在于顾客的选择。“如果你手头宽裕，就可以多出点钱；若是囊中羞涩，少出点也行。如果你按价付款，则可以尽情享受食

① 柳军等．跨界改变中国 [M]. 广州：广东经济出版社，2008：25.

② 蓝色创意跨界创新实验室．跨界 [M]. 广州：广东经济出版社，2008：6.

物和尊严。”

一切免费还怎么做生意？Shaich 的总结是：60% 的人会按建议价格付钱，20% 的人会付的多一些，20% 的人则是以折扣价购买。其实这并非纯粹派发救济食品的公益组织，餐厅本身是合资经营的一个企业，平均下来 80%—85% 的人按建议价付款就足以抵销成本，更何况 Shaich 还坚持提供让每位顾客都满意的高质量服务。

近年来，慈善模式得到开发，各种“慈善音乐会”“慈善拍卖会”“慈善比赛”娱乐活动等，在给人们带来精神愉悦的同时也将捐赠落到实处。在墨西哥，有一个叫作 Televisa 的慈善基金会，主要利用体育运动、电视剧等民众喜闻乐见的方式将慈善活动的过程娱乐化。墨西哥所有的足球队都乐意在闲暇之余参与这个基金会的活动。随着比赛的哨响，不管哪个队进球，电视屏幕下方就会立刻出现一行字幕：“因这个进球，慈善基金会向某项慈善项目提供一笔捐款。”而更加有趣的是，每一种不同方式的进球对应着不同的慈善项目。比如，角球进球对应教育、点球进球对应健康等。据统计，Televisa 的“教育进球”已经使 22 万多名孩子受益，“儿童营养进球”则为农村地区的两三万名儿童补充了营养。他们说，这叫“寓善于乐”。

慈善文化非常完善的英国，有超 7000 家慈善商店，规模最大的慈善商店“Oxfam”（乐施店）更是成了一种慈善文化。一位中国学者在英国伦敦生活多年，她说，在英国印象最深的就是家门口的爱心超市——英国规模最大的慈善商店。在她看来，英国人的生活，已经离不开慈善商店了。对他们来说，做公益就像柴米油盐酱醋茶一样简单，是一种生活方式而已。这些慈善商店的操作模式是：免费接收市民捐的二手物品，处理后低价出售，所得款项用于慈善。差不多每个社区都有这样的慈善商店。有人搬家，或者孩子长大了，就会有一些用不到的物品，都会直接捐给慈善商店。

真是有多少种爱的方式，就有多少种慈善的方式。

五、慈善咖啡：从信任开始，从我开始

如何在陌生人社会、在更宽泛的环境中突破传统信任半径，这需要我们从家族宗族的小圈子中、从单位的小团体中、从阶层的小范围中、从几十年的计划经济的条块分割造成各种封闭排外的局限中走出来，加大交往的半径，不断形成和增强社会的普遍信任。因为社会信任度的大幅提高、社会资本的不断夯实，是实现慈善的最坚实基础和有力保障。

我们可喜地看到，慈善咖啡已经在中国这块古老的土地上出现。2014 年 1 月中旬，无锡的“乐益”咖啡屋成为首家提供“待用咖啡”的咖啡屋，鼓励顾客自己饮用后，再付费留下另一杯，为想喝咖啡而无力支付的人，提供品尝咖啡的机会。有记者来到乐益咖啡屋，发现咖啡屋负责人正在往墙板上张贴“待用咖啡”卡片，显示目前有顾客付过钱的待用咖啡可饮用。在上海，浦东图书馆里有家咖啡馆在店内贴出了提供“待用咖啡”的提示，每天提供 4 份，同时倡导顾客为低购买力的人士额外购买一杯咖啡。

还有，坐落在北京东二环银河 SOHO 巨蛋建筑三楼拐弯处有一所以环保公益咖啡馆为主题的鸿芷咖啡馆。他们正通过一杯咖啡开启公益之旅。创办人认为，“开一个咖啡馆，可以供自己和别的公益组织开会。另外，每个公益组织、行业之间相互交流的机会太少，平时都各忙各的，每年只有年会那么一两天时间碰到。咖啡馆是一个开放的空间，给各组织提供交流的空间。”最终确定，以咖啡馆

为平台，线上和线下共同推进文化之旅。

一般来说，到咖啡屋休闲、创业、交流的人都是城市白领阶层，都具有现代公民意识，是社会的精英。这些社会精英、城市白领必然是社会的主体与中坚、人多面广，带动性大，他们在成就自己的事业、创意、创新、创业的同时兼顾慈善，特别是咖啡慈善，耗费不多，但能推动社会信任与慈善、推进爱心与责任，这样一个具有信任、责任与慈善的社会就可能指日可待。那么，到咖啡屋喝咖啡的公民普遍参与公益，将有助于从正面确立公益的社会意义和利他道德精神。普通公民参与公益，可以让更多的人看到，社会风气和公民行为的相互补充关系。

中国社会虽然还是一个低信任度的社会，但社会的进步、经济的发展、国民素质的提高、人际交往的扩大、国际化、信息化、城镇化的推进，中国社会必然逐步会提高人与人信任的程度，提高社会信任的程度，我们需要的不是高调，而是从我做起。笔者认为，人并不是一生下来就具有慈善道德价值与行动，但每个人的慈善情怀是在人群关系中学习和逐渐形成的，咖啡屋就是一个很好的建立慈善情怀并可以践行慈善的地方。不用很多，就是一杯慈善咖啡。如果每位到咖啡屋的人们，把慈善咖啡看作应尽的责任，形成一种风气，那么这种责任就会因习惯的内化而转变为一种道德价值。

本质上，慈善的方式不能使受益者成为尊严的受害者。真正的慈善是给予贫弱者物质帮助的同时，给予他们更多的尊重，是对自己生命与价值的尊重。慈善不是施舍，不应该只关注物质上的给予，更要让受助者感受到对于人格的尊重和尊严的保护。慈善不是作秀。作为个人来说，接受了慈善团体的馈赠，对馈赠者常怀感恩之心，好好利用资源，想办法脱贫致富，这样才是对馈赠者的最好报答。

荷兰鹿特丹一家电视台在报道一次慈善活动时，不慎出现了一位受助者受赠的镜头，尽管是短短的一秒钟，却遭到了这位受助者的起诉，也受到了观众的谴责。最后，电视台台长不得不在黄金时段发表道歉声明。

美国公立学校在大雪时一般都会停课，但有间学校却没有这样做，在大雪时依然上课。当家长向学校投诉时，校方的回答是：学校中来自贫寒家庭的孩子很多，学校停课了，他们就不能有免费午餐，就得忍饥挨饿。家长又问是否能只让穷孩子来上课呢？对此校方解释道：我们不想让他们觉得是在被施舍。不让受帮助的人觉得是被施舍，这或许就是慈善的最高目标吧！

前不久，看到微信的一个报道，讲中美慈善者到非洲做慈善，中国人去后就发物品，而美国人制止，他们希望非洲的孩子通过自己努力获得这些物品，体现的是对这些孩子尊严的维护。因为尊严无价，如果伤害了受助者的尊严，给予再多的物质帮助也无法弥补。我们在帮他人，更是在帮自己。我们到咖啡屋，不仅是解放我们的思维，解放我们疲惫的身体与心灵，不仅是创意、创新、创业去解放物质对我们的束缚，更是解放自私的基因，对贪婪的反击，从利己走向利他。慈善中获利最大的是自己。所以，作秀的慈善最好不做，高姿态的慈善最好不做，伤及尊严的慈善亦可以休矣。

第八章

咖啡屋：中国前世今生与来世

任何时代的人们，都无法脱离具体的物质空间和文化空间而生存。无论是古代的还是现代的知识分子，都是生活和活动于一定具体的空间关系之中。泰勒·克拉克指出，“纵观历史，所有的文明社会都提供了大家聚会交流的场所，人们可以在这里尽情闲聊、探讨观点，或者就是单纯地放松心情。这类公共聚会场所对于文化的健康发展非常必要，并且可以从中反映出其顾客群的独特性格：伦敦有热闹喧嚣的小酒吧；巴黎街头有轻松惬意的咖啡屋；北京有庄重雅致的茶馆……”①

一、传统中国知识分子的公共空间

中国传统集权政治必然导致社会群群组织化程度低。极端状态是老子的小国寡民理想及陶渊明的桃花源幻景，人家自由而散漫，虽鸡犬之声相闻，却老死不相往来。农业社会比较现实的状态，是以家庭为基本单位，以血缘、亲缘关系为纽带，扩展到家族、乡里以及其他人情网路，其共同体交往的方式是按照费孝通先生提出的“差序格局”展开的。②

农耕文明与中央集权导致人与人之间交往比较简单，圈子不大。

① 泰勒·克拉克. 星巴克——关于咖啡、商业与文化的传奇 [M]. 北京：中信出版社，2014. 引言 17.

② 费孝通. 乡土中国 [M]. 北京：生活·读书·新知三联书店，1985：21-28.

交往方式一是朴实的自然交往，二是严格的上下服从，三是介于两者之间的是流氓、无赖、泼皮、黑社会。马克思曾经比喻法国农民是麻袋里的土豆，自由散漫的个体被外在力量统一起来。这是对农业社会是最恰当不过的形容，也是对中国农业社会最准确的描述。中国农业社会一是以血缘、以地域、以时间为脉络的社会，二是传统的知识分子大都出则入仕，居则为绅。这就决定了他们彼此分散、孤立、缺乏区域性、全国性的联系，没有形成任何一种公共活动空间。也就是说，他们活动的空间基本上是自然的、有限的、固定的和非流动的，与土地有着千丝万缕的物质和精神的联系。相比之下，现代社会则更多的是一个以空间为核心的社会。①

随着西方文化的侵蚀和近代工商城市的兴起，加之科举制度的废除断了晋升之路，一个过去没有过的绅商阶层出现了。一批读书人开始往城市聚集。在城市里面，发展起书院、会馆和青楼等一些新的知识人活动的空间，这为现代社会公共领域的形成提供了一个历史的脉络和前提。在这里，特别值得一提的是江南社会中的青楼。青楼作为一个明清士大夫公共交往的重要空间，其功能很有点类似18世纪法国、德国的贵族沙龙。在沙龙和青楼之中，必定有一个气质高雅的女主人，以她为核心，周围聚集着一批文人墨客，高谈阔论，引为同道。②许纪霖指出，现代全国型知识分子与都市批判型公共领域的关系基本在咖啡屋、沙龙、公共媒体、同人刊物和现代知识人团体活动。③

① 许纪霖．都市空间视野中的知识分子研究 [J]. 天津社会科学，2004（05）.

② 余英时．士与中国文化 [M]. 上海：上海人民出版社，1987：519-579.

③ 许纪霖．都市空间视野中的知识分子研究 [J]. 天津社会科学，2004（05）.

二、咖啡屋的中国前世：帐庭、驿站与茶楼

前面我们已经指出，咖啡屋是西方社交的公共沙龙，是好读书者阅读的地方，是静心守心者的独处世界；是中产阶层追求心灵自由的思维空间；是文化启蒙的神圣讲坛与创意的空间；是创业者创业的孵化器；更是新的社交网络背后的另一生命平台，是展现中产阶层情调以及言情说爱的现代后花园。

我们知道，法国人思想交流的地方有三处：教堂、沙龙与咖啡屋。历史上中国人交流的地方则是帐庭、驿站与茶楼。如果说咖啡屋是文学家、艺术家、创想家的栖息地，那么唐朝驿站、帐庭与茶楼或许也是中国文人交流、交友与诗作碰撞的地方。如果说，巴黎的咖啡屋是最有人情味的地方，那么中国最有人情味的地方就是帐庭、驿站与茶楼。

虽然，传统中国社会没有形成公共活动空间。但帐庭、驿站与茶楼也是前现代意义的公共空间。我国是一个诗的国度，诗人（包括官员、文人，因为古代官员与文人没有不作诗的）交往史料比较多，特别是送别的史料较多，我们就从古代知识分子送别看咖啡屋的中国前世。

古代诗人送行基本是设祖帐送行。古人远行，设帏帐祭祀路神谓之祖。祖帐是专门搭置的为友人送行时祭祀路神时所用的帏帐。① 帐庭也是长亭。“长亭”在中国的古典文学里已成为一个传统的送别意象。长亭，词典里的解释是古时设在路旁的亭舍，常用为饯别处；也指旅程遥远。出自于唐代李白的《菩萨蛮》词：“何处是归程，长亭更短亭。”影响最为深远的莫过于宋柳永的《雨霖铃》：“寒蝉凄切，

① 红尘寻梦．从诗歌看唐代的送别习俗［J］．学苑创造C，2012（10）．

对长亭晚，骤雨初歇。都门帐饮无绪，留恋处，兰舟催发。”林逋的《点绛唇》：“又是离歌，一阕长亭暮。王孙去，萋萋无数，南北东西路。”此外，《西厢记》里的长亭送别最为知名：恨相见得迟，怨归去得疾。柳丝长玉骢难系，恨不倩疏林挂住斜晖。马儿迍迍的行，车儿快快的随，却告了相思回避，破题儿又早别离。听得到一声去也，松了金钏；遥望见十里长亭，减了玉肌：此恨谁知？现代很经典的歌曲《送别》中唱到：“长亭外，古道边，芳草碧连天。”很显然地，李叔同也是采用了“长亭送别”这一传统习俗。其实，这也是古代知识分子交往的一种方式。

此外，古代知识分子还有一种交流方法，就是喜欢在墙壁上或者一些地方题诗，别人看了都觉得好，就流传下去了。特别是驿站、亭馆、客店、佛寺、道观，走到哪里写到哪里，随便找到一块粉墙，大笔一挥把诗题写上去，就算是发表了。寺主店主们不愿让诗人们一遍一遍涂抹墙壁，却惹不起他们，只能预备下一些诗板，看他们要写诗便赶快送上一块诗板。

或许茶楼最能体现传统中国人交往的“公共空间”。提到茶馆，人们很自然地会想到现代著名剧作家老舍先生的名作《茶馆》。老舍先生说：“茶馆是个三教九流会面之处，可以多容纳各色人物。一个大茶馆就是一个小社会。”[①]的确，以经营茶饮业为主的茶馆，属于传统中国城镇中最大众化的公共场所，是一个社会化的空间，是市民的“第三空间”。

据何满子回忆，在20世纪三四十年代成都文人有其特定相聚的茶馆，当时他是一杂志的编辑，约稿和取稿都在茶馆里，既省时间又省邮资。居民也在那里商量事宜，外籍教师徐维理（W.Sewell）

① 老舍．答复有关《茶馆》的几个问题［A］//《茶馆》的舞台艺术．北京：中国戏剧出版社，1980.

写道，当他一个朋友遇到麻烦时，他们在茶馆里商量对策。一些组织和学生也爱在茶馆开会，枕流茶社便是学生的聚会处，文化茶社是文人据点，而教师则在鹤鸣茶社碰头，每到节日和周末，这些茶馆总是拥挤不堪。

抗战期间，在昆明坊间有民谣："昆明有多大，西南联大就有多大。"由于联大的图书馆条件简陋，茶馆便成了联大学生延伸的课堂。联大人还发明了"泡茶馆"一词，昆明本地话叫"坐茶馆"。"泡"是北方人的习惯用语，意指在茶馆待很久，甚至废寝忘食。许多同学的毕业论文都是在茶馆里完成的，不少老师在茶馆里批改作业，一些名家大师也是从茶馆起步的。李政道曾说，联大时期的昆明茶馆有些像 20 世纪巴黎的咖啡屋。汪曾祺还有一首诗，回忆当年泡茶馆的时光：水厄囊空亦可赊，枯肠三碗嗑葵花。昆明七载成何事？一束光阴付苦茶。[①]

谈茶楼不能不谈中国茶文化。中国的茶文化可以说是儒释道三家所共同造就的，它同时融汇儒释道三家的基本原则，茶具有清新、雅逸的自然天性，能使人静心、静神，有助于陶冶情操、去除杂念、修炼身心，这与中国人提倡的"清静、恬淡"的哲学思想相吻合，也符合中国传统儒道佛三家追求的"内省修行"思想。中国茶文化的精神是以道家的天人合一、天地人三才思想来提携，以儒家中庸和谐的思想为指导，以佛家"普度众生"的精神为宗旨的，中国茶文化是浓缩了中国传统思想精华的一个文化体系。中国自古就有"琴棋书画诗酒茶"，反映了中国贵族、官员、士大夫以品茶来构建社会网络与第三空间。

其实，古代文人墨客交往的地方还有一处，就是青楼。外国学生学古典诗词时常问：老师，你们中国人为何这么喜欢妓女啊？这

---

① 刘宜庆．绝代风流：西南联大生活录 [M]. 北京：北京航空航天大学出版社，2008.

么厚厚的唐诗有好多是写给妓女的，而写给老婆的却凤毛麟角。外国学生的提问是有根据的。例如《全唐诗》就收录了21位妓女作家的诗篇136首。同时，还有不少诗词是歌咏妓女生涯的，如在《全唐诗》中收集的49430首诗歌中，有关妓女的就有2000多首，可见，妓女生涯已成为一些文人雅士的创作源泉。

当然，那个时代的妓女，和当下黄色的性服务工作者是有区别的。在唐代，光有美貌还不行，还必须有一定的文化修养，受过专业训练，跳舞唱歌，吟诗作对，应酬礼仪都需要谙熟。“妓”在后世专指卖淫女子，而“妓”原是从“伎（技）”演化而来，“伎”是指专习歌舞等技艺的女艺人。所以在古代，“妓”是娼妓与女艺人二者的统称。二者有区别，但有时也很近似，卖身者有时要卖艺，而卖艺者有时也要卖身。在唐代这个非常重视诗和诗人的社会里，冶游北里的既然多数是风流才子，那么，娼妓如果不会吟诗和作诗就不能应酬，更不能博得士人的赏爱。在这种社会环境中，娼妓当然就十分重视提高自身的诗歌修养。有些妓女初入坊曲，鸨母就“逼令学歌令，渐遣见宾客”。这样便产生了许多“妙解文意，善工诗赋”的聪颖娼妓。

此外，唐朝是中国封建王朝中最强盛的朝代之一，唐朝统治者本身是混血，观念比汉族统治者思想更开放，胸襟也更广阔，完全突破儒家伦理的男女交往授受不亲的束缚，当时的士大夫与有艺术修养的妓女可以在任何公开的场合自由来往。唐代的薛涛、鱼玄机、关盼盼，宋代的苏翠、严蕊，明代的马守真、薛素素、范钰等，可谓妓女的代表。这种情况，历代不衰。即使到了明末清初，董小宛、顾媚、李香君、卞玉京等“金陵八绝”和陈圆圆、杜十娘、高娃等，也都是名重天下的歌舞伎。

三、咖啡屋的中国今世：嵌入茶文化与麻将文化的咖啡屋

咖啡传入我国的历史并不长，直到 1884 年咖啡才在我国的台湾地区首次种植成功。在祖国的大陆地区，最早的咖啡种植则开始于云南。20 世纪初叶，法国传教士将第一批咖啡树苗带到云南的宾川县，从此开始了大陆地区的咖啡种植。在咖啡传入中国后相当长的一段时间里，咖啡的种植没有受到人们足够的重视，发展极其缓慢。

咖啡屋在大陆除了移植、复制，也有发展与创新。一是以车库咖啡、3W 咖啡、贝塔咖啡为代表的创业咖啡，还有一个更为显著的特征，就是大陆的咖啡屋功能的演变，融入了茶楼功能与麻将室功能，这也是咖啡屋中国化的过程。

咖啡屋的麻将室走向不仅体现中国人当下的消费倾向，体现当前中国人的消费品位，也体现出当下中国经济发展的结构。经济发展的三驾马车的消费、出口与投资中主要以投资为主，城市建设突飞猛进，咖啡屋也遍地开花。然而，咖啡屋在遍地开花的同时也发生变异。不少地区随着经济的发展，城市里的咖啡屋也越来越多，但小资情调的咖啡屋已然不多。不少媒体的记者走访发现，原本是安静、优雅、情调代名词的咖啡屋，嵌入麻将室或者本身变成了麻将室，咖啡不过成为一个替补性饮料。把高雅的咖啡文化变成市侩气浓厚的麻将文化。从某种程度上讲，咖啡屋市场的发展，本是市民生活品位与消费素养的提升。然而，走遍街头大大小小咖啡屋，市侩气却胜过了小资情调。[①]这里我们要探究，咖啡屋中国化进程

① 蒋雨汐．咖啡厅变相棋牌室市侩气胜过小资情调［N］．中国永州新闻网，2012-10-14.

背后的东方文化与西方文化的交融与碰撞。为什么是咖啡屋融汇了茶楼与麻将室的功能，而不是茶馆与麻将室融入咖啡屋的功能？想必这也是读者心中的困惑吧，因此有必要对咖啡文化、茶文化与麻将文化做个比较，了解咖啡屋在大陆的今生。

大陆咖啡屋里喝茶不仅是咖啡屋经营者的经营之道，更是咖啡屋经营者顺应消费者消费心理的需要而增加的茶楼功能，可以说大陆的许多咖啡屋，是具有中国特色的咖啡屋，是咖啡屋功能加茶楼功能的咖啡屋。为什么会是这样，主要是咖啡文化与茶文化之间既存在一致性，更存在差异性。

实际上，我们要回答，中国人为什么爱喝茶？为什么到咖啡屋还要喝茶？自神农氏尝百草得茶以后，商末周初，巴蜀人已经开始饮茶。公元前 1066 年武王伐纣，茶叶已作为贡品。原始公社后期，茶叶成为货物交换的物品。战国时期，茶业已有一定规模。在汉朝，茶叶成为佛教“坐禅”的专用滋补品。而魏晋南北朝，茶立足于长江流域同时向北方普及，饮茶之风扩散开来。隋唐时代，全民普遍饮茶，茶业昌盛，出现了茶馆、茶宴、茶会，提倡客来敬茶，此时也产生了世界上第一部茶文化专著《茶经》。宋初至明末，茶文化发展到了鼎盛时期，斗茶、贡茶和赐茶流行于世。到了清朝，茶文化更加深入发展，戏曲、曲艺都进入茶馆表演。清朝茶叶在对外贸易中始终处于出超地位。随着历史的发展，人们在茶的各种活动中不断充实、丰富和发展了茶文化。

中国人对茶的熟悉，上至帝王将相，文人墨客，诸子百家，下至挑夫贩夫，平民百姓，无不以茶为好。人们常说：“开门七件事，柴米油盐酱醋茶。”“客来时，饮杯茶，能增进情谊；口干时，饮杯茶，能润喉生津；疲劳时，饮杯茶，能舒筋消累；空闲时，饮杯茶，能耳鼻生香；心烦时，饮杯茶，能静心清神；滞食时，饮杯茶，能消食去腻。”“以茶待客”“用茶代酒”，历来是中国人民的传统礼俗。

但是中国年轻人不喝茶。作为日渐崛起的80后、90后这些生力军，为什么不选择喝茶呢？我想，快节奏的现代生活令年轻人对喝茶失去了兴趣。年轻人通常对咖啡更感兴趣。喝茶讲究慢让现在的年轻人望而生畏。喝茶作为一种社交方式，在快速消费的时代中，年轻人把传统茶叫作“老人饮料”。西方有学者研究发现，年龄越大越喜欢喝茶，而年龄越小越喜欢喝咖啡。在某种程度上，喜欢喝茶的人和喜欢喝咖啡的人都比较富有创新精神。①

中国传统文化的核心以儒学为主干，同时吸纳道教与佛教的文化。所以中国茶文化也体现儒道释的文化。儒家茶艺鼓励人们友好交流、相处和谐及积极参与社会生活；道教茶艺要求人们在精神上清静无为、超越物质境界；佛教茶艺要求饮茶者有对真理和自我认识的追求。如今，中国民间茶艺大部分仍受到儒家茶艺的影响。饮茶是很好的交流与促进友谊的方式。茶，作为一种提神饮品，帮助喝茶者检讨并反省，这样在总体上他们能更好地理解他人并达到自然与社会的和谐。②下面，我们进一步分析茶文化与咖啡文化背后的思维方式与行为方式的差异性。

茶文化体现了中国人传统中庸的思维方式与行为方式，而咖啡文化则体现了西方人的理性思维。我们知道，东亚大陆的自然环境，自古以来就是地球上的一个相对独立的地理单元。东临浩瀚的太平洋，好不容易走到海边的人们不得不止步，“望洋兴叹”。西有戈壁沙漠，再往远是雪山，多为无人地带，生命禁区。北有寒冷多风的荒原或冻土，无法农耕，望之令人心灰意冷。南方是多山地

① 王黛，等.不同饮品使用者的心理与行为特征——茶与咖啡文化的心理学实证研究[J].心理技术与应用，2014（6）.

② 白雪.中西文化比较之英美咖啡文化与茶文化[J].山西农业大学学报(社会科学版)，2012(11).

带，崇山峻岭，猛兽出没，多乌烟瘴气，南行一步都不得不“辟荆拓莽”或“筚路蓝缕，以启山林”。人在这样一种四周天然屏障之内，当然是一个相对独立的文明生长环境。这个以黄河流域进而以黄河长江两流域为中心的震旦古盆地，就如整个人类文明园里的一个“单门独院”，一个孤僻山村。[①]中国文化生长于这样一个既相对封闭又十分广阔的地理空间，文化传统受半封闭的温带大陆型地理环境、农业型自给自足的小农经济即“家国一体”的宗法社会所决定。千百年来，中国社会占支配地位的意识形态，首当其冲是以小农经济为背景的传统儒家思想文化，其特点是“中庸”“守常”“平衡”“对称”。儒家把“中庸”思想引入中国茶文化。茶生于山林中，承甘露滋润，其味苦中带甘，饮之可令人心灵澄明，心境平和，头脑清醒，茶的这些特性与儒家所提倡的中庸之道相符。茶为清洁之物，通过饮茶可以自省、省人，也可以养廉，人们赋予茶以清廉、高洁的品性。儒家学说认为通过饮茶可以沟通思想，创造和谐气氛，增进彼此的友情，协调人际关系，促进和谐。儒家从中庸之道中引出和的思想，在儒家眼里和是中，和是度，和是宜，和是当，和是一切恰到好处，无过亦无不及。

而西方文化的发源地是相对开放的古希腊、古罗马，地中海北岸的岛屿和半岛，海岛文化不是靠农业，而是靠充满竞争的经商发展起来的。商品经济的发展和开放的海洋地理环境使西方人的性格外向、好动。他们有独立不羁的人格、开拓精神和交易观念。西方诸国是在征战、竞争、奋斗中生存的。地理环境和生产力畸形发展不容西方人“三思而后行”，必须当机立断做出判断和行动来。欧洲各国的国土比较窄小，无法形成像古代中国那种自给自足的长期闭关锁国的自然经济条件，国界的变迁，民族的迁徙，古老习俗、

① 甘德安．中国家族企业研究［M］．北京：中国社会科学出版社，2002.

神话和民间传说的一致性，为它们之间的文化交流及相互往来奠定了深厚的基础，也造成了文化的开放精神。

我们知道，西方文化是古希腊文明与古希伯来文明的集大成者，特别强调哲理性，西方文化也是理性主义文化。这种文化也体现在咖啡文化中。咖啡的冲泡从研磨咖啡豆到器具，再到水温比例都有严格的要求，这样冲泡出来的咖啡香味馥郁，口味浓厚。这些都体现了咖啡文化的理性主义。

此外，中国茶文化蕴含着中国特色的禅宗文化，而咖啡文化是在基督教文化精神背景下产生的。佛教禅宗修行的内容,分为戒、定、慧三种。所谓定与慧，就是要求僧侣坐禅修行，息心静坐、心无杂念，以此来体悟大道。而茶味苦中微甜，茶汤清淡洁净，适合佛教提倡的寂静淡泊的人生态度，加上饮茶有助于参禅悟道，于是佛教对茶的认识从物质层面又上升到精神层面。我国历史上的许多古代名茶，最初是在寺院种植、采摘并加工的。佛教寺院不仅种植茶树，茶事也成为佛寺日常活动的一个重要组成部分。在许多的名寺大庙里，都设有茶堂或茶室，还有“茶鼓”和“茶头”。寺院中的茶叶，称作“寺院茶”。茶在佛教寺院中还起到融洽寺内僧众关系，使僧众之间的感情联系得更加紧密。此外在佛的圣诞日，专人以茶汤沐浴佛身叫“洗佛茶”，供香客取饮，祈求消灾延年。①

众所周知，西方文明源于古代的中东、希腊和罗马，宗教和世俗的意识构成了西方文明的基本框架。西方人认为上帝看重个人的灵魂，人的肉体和灵魂、任何人、人和自然之间存在着相互对抗的关系。在这种价值观念支配下，西方人有很强的个人奋斗和竞争意识。对西方人而言，生活就像煮咖啡，如果做过的事情失去了原本

① 白雪.中西文化比较之英美咖啡文化与茶文化[J].山西农业大学学报(社会科学版)，2012(11).

的新鲜感，那么就换一种重新开拓，重新冒险，就像咖啡冲泡过一次之后，就失去了它原来的风味，在口味上变得清淡无味，那就丢弃再换新的开始煮。

我们再来看看咖啡屋中的麻将室。在中国，最为普及的一项群众活动恐怕非麻将莫属了，有道是“十亿人民九亿麻，还有一亿在观察。”林语堂先生调侃说，我只有读书才能忘记打麻将，我只有打麻将才能忘记读书。麻将算是中国国粹之一。由于人的社会性，游戏成为人际交往的重要手段，沟通情感的介子，古时宫廷游戏是政治，太太小姐们打麻将是夫人外交；现在也是中国人喜闻乐见的娱乐休闲方式。

海默在其《中国城市批判》一书中，批评全民皆麻的成都是玩物丧志的成都，是一座砌在麻将桌上的城市。作者在论述成都这座“麻将城市”时，不免揶揄道：飞机经过成都，可以听见下面“哗啦啦”搓麻将的声音。[①]梁启超先生在《麻将》一文中对中国到处打麻将的现象十分感慨：“抗战期间，后方的人，忙的是忙得不可开交，闲的是闷得发慌。不知是谁诌了四句俚词：一个中国人，闷得发慌。两个中国人，就好商量。三个中国人，做不成事。四个中国人，麻将一场。”这真是“麻”友不知亡国恨，隔江还在摆长城！麻将文化是中国文化中的糟粕和垃圾。

我们还可以从麻将与桥牌游戏中看东西文化的差异。按照中国麻将的规则，周围的人都是你的敌人。要看住上家，控制下家，防住对家，才能打胜仗。而打桥牌的关键是“桥”，牌之间要有桥，没有桥，一手好牌也会成为废牌；二人之间也要有桥，要想办法给自己搭桥，所以能在没有桥的时候想办法搭出一个桥来是打桥牌的最高境界，不能仅仅让自己手中的牌发挥作用，更重要的是集体的

① 海默．中国城市文化批判［M］．武汉：长江文艺出版社，2004.

力量，因此经典的桥牌对局是不可能靠出老千来完成的。中国人“一个和尚挑水喝，二个和尚抬水喝，三个和尚没水喝”不知是不是与麻将有关，而英国人的“一个人做生意，两个人开银行，三个人搞殖民地”不知是否也与桥牌有关。

打麻将最重要的原则就是不能“露馅”。强调的是心口不一、表里不一、口是心非、信息封锁、相互猜疑、绝不抱团。而西方的桥牌中鼓励“露馅”叫牌，把信息透露给同伴和对方，先达成一种“合约”。麻将与桥牌规则与文化的差异如同东西方面食的差异。中国面食主要是不“露馅”，比如包子、饺子、元宵、月饼之类；而西方的主食如比萨、汉堡、三明治等都是“露馅”的。可见，麻将所体现的东方文化提倡的是隐形文化、潜规则；桥牌规则所体现的是西方文化，鼓励自我表现、个性释放，沟通分享，注重团队合作共赢。

此外，打麻将最能体现中国人的感性思维，而打桥牌也最能体现西方人的理性思维。打麻将就是揣度人的心理再加上小算盘在背后算计，这期间没有多少逻辑关系可言。桥牌出牌过程后面却有着严密的逻辑关系，计算你的牌力，大致就可以确定你能拿多少墩，计算你的桥路，一张大牌，可能在哪家，是挤牌还是飞牌成功的概率高，等等，考的就是你的逻辑思维与理性思维的能力。

打麻将也最能体现中国人重关系特性，而西方人打桥牌则是重游戏规则。麻将牌没有大小、上下级之分，但有重要性的不同，其重要性取决于与周围牌的关系，所谓“金三银七”是因为它们处于关系的一个关键点，要和牌就是要理顺关系，现在又有人发明了“赖子”，是可以当任何牌的“万金油”，也就是能搞好所有关系的“关系专家”。还有一点就是麻将的规则也经常改动，就连牌的数量也是可减的。桥牌的规则比较固定，叫牌有叫牌的规则，出牌有出牌的规则，每门的十三张牌也都有大小之分，上级可以管下级，花色有大小之分，“桃杏梅方”。有人说，打麻将的人适于经商，下围棋的人适于搞科研，而打桥牌的人则适于做领导。也可以说，纯咖啡屋适合创意、创新与创业，而融入麻将室的咖啡屋更多地体现了休闲、娱乐与营造关系。

打麻将也能体现中国人的农耕文明靠天收、重天定的思维，而打桥牌则重公平竞争。麻将桥牌都有“将”，麻将的“将”是天生的贵族血统，只有“二、五、八”才能担当，桥牌的将则是通过“竞选”的方式产生的，而且是以花色（团队）为单位进行竞选产生的，有点像美国的总统选举。桥牌中的贵族血统——“大小王”是不用的，某一花色要想成为“将牌”，必须以叫牌——就是投标的的形式产生，而一旦一种花色成了将，就必须完成你叫牌时许下的诺言，否则这一局你就要“宕”掉，所以将牌必须冲锋陷阵，在关键的时刻要打头阵，不能养尊处优，不然就失去了“将牌”的意义。麻将是很看重将的，至于为什么要将，我想发明“将”是潜意识地体现了君权神授的理念。麻将的“将牌”一旦形成就被当作一个宝贝，那些将，没有具体的事做，由其他的牌自己去形成小团体，自己去搞好关系。

哈贝马斯认为，公共领域（或者说公共空间、第三空间）是由“私人”汇集而成的。公共领域是社会秩序基础上共同公开反思的结果，是对社会秩序的自然规律的概括。因此，从某种程度上说，咖啡屋、酒吧、广场等公共空间也是群众和知识分子发表自由言论的最佳平台。[①]从某种意义上说，大陆咖啡屋的麻将室化，实则是咖啡文化的消失，甚至是知识分子第三空间的消失，或者说是知识分子的公共空间的消失。民国时期茶楼张贴的莫谈国事就是知识分子与国民第三空间丧失的标志。

① 卢山．流变与溃败：从咖啡屋到象牙塔——读《最后的知识分子》[M]. 青春，2013(07).

汉娜·阿伦特在《黑暗时代的人们》里指出："如果公共领域的功能，是提供一个显现空间来使人类的事务得以被光照亮，在这个空间里，人们可以通过言语和行动来不同程度地展示出他们自身是谁，以及他们能做到些什么，那么，当这光亮被熄灭时，黑暗就降临了。"①

四、咖啡屋的中国来世：拓展生命的第三空间

城市让生活更美好。人们认识到城市的本质是满足人类自身需求和发展的物质空间，也是人类对精神文化生活的需求的空间，因此，促进了图书馆、电影院、娱乐会所、咖啡屋在城市的建立。咖啡屋作为现代城市一个必不可少的标志，作为城市现代化的快速发展程度的显示器，作为休闲产业主体之一，越来越多地出现在政府负责人、行业负责人、创业者及人们的案头与生活当中。咖啡屋在城市中所建设的数量、档次和品位，体现了这座城市的现代化程度，也在一定程度上体现了这个城市所蕴含的现代休闲产业的发展能力。咖啡屋不仅作为创意、创造与创业的孵化器，也成为一个城市是否是休闲城市的显示度。如同巴黎街头的咖啡屋体现了国际大都市巴黎作为休闲之都的显示度。

在1920年代中末期，咖啡屋已经成为大都市的一股文化热潮。在1928年8月6日，《申报》出现了"咖啡座"的新专栏，其象征意义在于巩固了咖啡文化这股潮流。当时上海的咖啡屋主要集中在法租界及虹口这两个地区。例如巴尔干、君士坦丁堡、伟多利咖啡屋、Kingsley、Little Coffee Shop、小男人、马尔赛、文艺复兴、皇

---

① 汉娜·阿伦特．黑暗时代的人们[M]．南京：江苏教育出版社，2006.

家咖啡屋等。面积较小但舒适的咖啡屋则遍布虹口区的北四川路。这些著名的咖啡屋大多数都是法式咖啡屋，也有些是由俄国人经营的。

根据一些当代的描述，在入口铺设着地毯的咖啡屋内，西方音乐自留声机源源流出，桌上摆放的，都是从外国进口的花瓶和烟灰缸；店内的顾客都互相分享他们游览或旅居外国的经验，当时的咖啡屋，可说是舶来品和西方生活方式的陈列馆。在咖啡屋内酝酿的现代性除了引入了西方的咖啡之外，还有一系列的商品、装潢以及各种各样的活动。咖啡屋的出现，为国民提供了象征性门径，让他们能够通过参与泡咖啡屋这项崭新的公共仪式来靠近西方及现代。

事实上，上海的茶馆亦曾于二三十年代尝试改革，以适应新兴的都市消闲文化。当时，有些广东茶室开始于茶楼里引入现代歌舞表演。一些新的茶馆，如新雅茶馆，特别受刚萌芽的咖啡文化的影响，把自己包装成西化的茶室，经营一种既清新又轻松的气氛。另一方面，上海的咖啡屋并不是一成不变地抄袭巴黎咖啡屋的模式，它是一所集咖啡屋、餐馆、小酒馆及雪糕店于一身的场所，在上海的咖啡屋除了可以找到形形色色的佳肴美酒外，还有各式各样的不含酒精的饮料和冰淇淋。现代化的茶馆和咖啡屋并非正统文化的承继者，它们奋力要追赶城市人急促转变的品位，是在民国时期上海出现的崭新社会空间。[①]

民国时期，作为战时陪都的重庆也有著名咖啡屋——心心咖啡屋，就是现在馨雅咖啡屋的前身。20 世纪 20 年代，武汉、长沙也出现咖啡屋。到 30 年代中期，长沙咖啡屋就有近 20 家。民国时期

① 彭丽君 . 民国时期上海中国知识分子的集体主体性及他们的咖啡文化 [J]. 励耘学刊（文学卷），2007（01）.

做时尚报道的记者，还嫌咖啡屋在长沙不甚发达，原因是当年的咖啡屋，多半附设于戏院或饭店内。到 1936 年，留下名字的长沙咖啡屋就有远东咖啡屋、易宏发、青春宴饮社、万利春、芝加哥、新亚、南国酒家、广东商店、上海商店、巴黎、楚社、杏花村等。1937 年 7 月，抗战爆发后，长沙城内一时挤满内迁的文化名人，他们留下了大量日记和回忆文字记载长沙的生活，比如，田汉曾屡屡带着郭沫若等文化名人去远东咖啡屋吃喝。70 年前，咖啡屋已经是长沙新都市的标志，也是当年时尚休闲生活的代表之一。

改革开放后，中国人喝咖啡的风气是从 20 世纪 90 年代后才开始的。主要在都市白领阶层、知识分子、自由职业者中间兴起。最近的两三年间，咖啡消费明显增长。有数据表明，目前国内的咖啡销量正以每年 10％的速度递增，有望成为世界上最具潜力的咖啡消费大国。咖啡屋在中国能否像在西方国家那样成为人们日常生活中除了家和工作场所之外的第三个去处呢？来自零点指标数据网的一项最新研究结果表明，目前在中国，只有一些高收入、高学历的年轻人会相对频繁地出入咖啡屋。受价格、饮食文化以及口味等因素的影响，在中国，咖啡屋离普通人还是有点遥远。这次调查主要是针对北京、上海、广州三市 842 名 18—60 岁的当地居民利用快速电话调查系统进行的随机抽样访问。近半数人未去过咖啡屋。如果按照去咖啡屋消费的频率划分出“从不消费”、“偶尔消费”、“有时消费”和“经常消费” 4 种类型的咖啡消费者，调查结果显示，在京、沪、穗三地，有 43.6％的人从来没去过咖啡屋，40.7％的人偶尔去，11.4％的人有时候去，经常去的仅占 3.8％。在西方，经过几百年历史的演绎，咖啡中已经融入了深厚的历史与文化韵味，喝咖啡不仅仅是品尝一杯咖啡，更可以从中了解咖啡赋予的文化精神。中国都市咖啡屋还主要是“双高一低”（高收入、高学历、年轻化）族的消费场所。另外，京、沪、穗三地居民中分别有56.4%、45.1%和37.9%者在提到咖啡屋时，头脑中没有特定的咖啡屋，这也证明了咖啡屋离普通中国人距离有点远。[①]

事实上，咖啡屋在中国商业化的历程中已获得不俗成绩：咖啡年消费量约为20万吨，咖啡屋数量早已破百万家，整个咖啡屋市场估值达到近万亿美元，已超过美国成为全球第一大咖啡市场。在持续适应、开拓中国市场的道路上，咖啡屋形态不断演变。事实上，在这个没有咖啡历史，亦无喝咖啡刚需的国度，咖啡屋拼的绝不仅是咖啡品质的好坏。据欧睿信息咨询公司的数据显示，中国人每年消费的咖啡仅45亿杯，远远低于北美，北美人每年消费的咖啡高达1339亿杯。据欧睿公司说，2014年至2019年，中国的咖啡消费将会上涨18%，而同期美国的增长预计将为0.9%。

改革开放以来，大陆咖啡屋发展经历了如下几个阶段。

第一阶段：咖啡+餐饮混搭，代表咖啡屋：上岛咖啡。这家为众多中国人端上人生第一杯咖啡的先驱者，从某种意义上讲并非单纯的咖啡屋。实际上，用“混杂餐厅”来定义其商业模式更为贴切。

1997年，上岛在海南成立。其创始人陈文敏深知，在大众并不习惯咖啡这种苦涩饮品的中国，仅推咖啡极可能遭遇失败。在经过数月市场考察后，特意就顾客消费模式做出全新的商业尝试：混搭！

在上岛的菜单里，美国汉堡、意大利面、墨西哥牛排、扬州炒饭等来自世界各国的美食都能找到；同样除咖啡外，还有铁观音、柚子茶、果汁等饮品供顾客选择。既满足了吃中餐的保守派，也搞定了爱尝鲜的开放派。

这一模式还呈现在上岛的其他方面。上岛在店中设置了包房，摆上麻将桌、沙发、家庭影院等设备，供顾客在饭后休闲。场所大

① 丁莹．咖啡屋离国人有多远[N]. 中国质量新闻网，2004-07-30.

气优雅，还能吃饭娱乐两不误，这种全新的模式很快得到年轻消费者的认可。一时间，上岛咖啡迅速走红全国。

十几年弹指一挥间，咖啡屋行业市场主动权早已从卖方转为买方市场。消费者不再满足于一站式消费，综合商业模式被视为“不专业”。具有消费能力的客户更愿意去星巴克喝咖啡、必胜客吃比萨、欢乐迪 K 歌。

另外，随着年轻人职业期望追求的改变，上岛很难再找到能适应公司工作强度的主厨，人才供应危机让上岛原本标榜的高品质服务名存实亡。疲态尽显的上岛很快被顾客抛弃，那些最初被上岛启蒙的咖啡爱好者，已流散到各家专业咖啡屋，如今的上岛俨然已沦落为“吃农家小炒肉的地方”。

第二阶段，星巴克横行。根据《商业周刊》和 Interbrand 发布的全球 100 顶级品牌排行榜，星巴克以 30.99 亿的品牌价值排在 91 位。

1999 年的 1 月 11 日，北京国贸中心，上午 9 点，星巴克在中国大陆开设了第一家零售店。而改革开放之后，中国人喝到了第一杯咖啡不全是雀巢之类的速溶咖啡。

星巴克于 1999 年以合资和特许加盟的方式进入中国市场，并先后与北京美大、台湾统一企业、美心食品国际有限公司合作，以授权北京美大、成立上海统一星巴克公司、开设美心星巴克咖啡餐饮（南中国）有限公司等在华经营。2000 年，星巴克开始进入上海。短短 15 年，中国区成为星巴克全球业务中的一个亮点。香港星巴克分店开业第一个月就创下了全球最快盈利纪录。上海统一星巴克发展堪称奇迹，在两年内就获得了 3200 万元的利润。

第三阶段：探索各具特色的咖啡屋。咖啡 + “家”，代表咖啡屋：漫咖啡。上岛黯然离场，中国咖啡市场却日益火爆。这片沃土让无数后来者垂涎不已。很快，全新模式的咖啡屋萌芽诞生。自2010年进入中国市场起，韩国品牌漫咖啡就将服务理念定义在为顾客打造“家”的氛围。对“归本主义”的追求，让其选择了和上岛、星巴克等众多行业前辈不同的道路。

与星巴克将经营重点放在咖啡上不同，漫咖啡更乐于在用户体验和环境上下功夫。在星巴克里，客人感受到的永远都是拥挤的人群、嘈杂的环境、简陋的纸杯以及冷硬的座椅。为了能接待更多客人，星巴克希望顾客在购买咖啡后尽快离开。尽管这种风格符合当下白领的快节奏生活方式，但事实上却背了离咖啡屋应给予客人休闲体验的初衷。

除了时尚的装饰外，漫咖啡更在意的是客人能在店内感受到“家”的氛围。为此，漫咖啡在店中每一处席位之间都用立灯、盆栽隔开，给予客人最隐秘的私人空间。同时漫咖啡还摒弃了传统木椅和纸杯，重金购置了柔软的沙发和极具质感的马克杯，让客人有更舒适的体验感受。

咖啡 + 社交网络。在分析当下年轻人习惯玩耍手机的行为后，他们推出了微信点餐模式。客人直接扫描桌上二维码，再按照提示进入野兽花园微信公众号，对各色咖啡和餐点进行挑选下单。这种咖啡屋尚属罕见的点餐模式不但符合当下年轻人的行为习惯，更让野兽咖啡节省了大量人力成本。在客流量高峰期时，野兽花园不需要过多服务员就能同时接十余位客人的订单。事实上，如今在中国的咖啡屋市场上，一超多强的局面短期内仍然不会改变。各类不断延伸卖点的新兴咖啡屋缓慢地蚕食着原本属于星巴克的“大饼”。从2007年独占中国70%市场份额的绝对优势，到如今下跌至60%，星巴克在7年时间里损失不少。

颇具特色的咖啡屋还有我们前面介绍的作为创业孵化器的咖啡

屋，比如 3W 咖啡屋、车库咖啡屋、文学咖啡屋、科学咖啡屋、校园咖啡屋等摇曳多姿的咖啡屋生态。

30 多年的改革开放已经使人们富起来了，虽然贫富不均。富起来的人们花在工作上的时间减少了，休闲时光自然提到议事日程上来。其实，在任何社会都有一个闲暇时间。我们知道，人们的时间可以分为三大类，一类是劳动时间，一类是必要休息吃饭时间，再就是闲暇时间。根据美国时代杂志一篇文章论述到，就是在史前 6000 年到 10000 年那个时候，人们的闲暇时间只有 10%。进入农业社会，从事手工业的人士闲暇时光大约为 17%。进入工业化社会以后，就是在 20 世纪的时候，人们的闲暇时间大概是 39%。20 世纪 80 年代以后进入后工业化社会，一些发达国家人们闲暇时间占到了将近 50%。①

目前，随着人类社会从工业社会向后工业社会转变，城市社会的时间、空间正在获得一种休闲性的建构，休闲直接影响到人能否完整、全面、健康地发展自己。按照目前我国的 5 天工作时间制度及法定假日估算，一年中的法定假日已达 115 天，这意味着中国人一生中有 1/3 的时间是在休闲中度过的。

人们闲暇时间的增多，自然带来一个问题，怎么利用好这个闲暇时间。休闲有益于人的身心健康，有利于素质的提高。现在大学、企业中许多中青年才俊英年早逝，不是疾病导致的，而是生活方式导致的，主要是长时间加班加点，没有休闲，过劳死。马克思曾提倡人要全面发展，人们为了获取生活必要的资源必须劳动，但人绝对不应只是劳动，他必须有一个全面的发展，而休闲可以提高人的素质。

---

① 成思危：正确认识休闲的重要性［DB/OL］.（2007-12-08）［2015-09-29］.http://finance.sina.com.cn /hy/2007/1208/10224266654.shtml.

我们知道提高人的素质的三个途径，即学习、思考与实践。思考需要休闲的环境，心闲不下来思考无法深入的。有些人看了很多书，如果没有时间思考，知识就升华不了智慧。孔夫子也说过，学而不思则罔、思而不学则殆。一位诺贝尔奖获得者，看到他的学生深夜还在学习，他问学生一天做了些什么？学生回答说，上午做实验，下午还是做实验。这个诺贝尔奖获得者反问学生，你整天做实验，什么时候思考呢。牛津大学有一个大家见面的问候语，就是你在思考什么，而我们中国人见面经常是问你吃了吗？为此，我们要做深入思考，这就要让自己静下来。整天忙忙碌碌、跑来跑去，肯定没有很好的思考的时间。有了休闲时间，不能仅仅是打麻将、旅游、泡温泉，更多的时间要到咖啡屋读书、思考、发呆，与朋友交流等。咖啡屋，作为现代休闲文化的这种生活方式必然也必须融入我们的生活。

中国经济的发展、社会的转型、城镇化的历程，必然导致城市第三空间的发展，必然导致咖啡屋的发展。咖啡屋作为一种中国现代社会中时尚和品位的消费形式，它的出现，代表着中国城市发展到一定阶段，代表人们有了足够的物质能力、充沛的时间和精力去追求更高级的需求。咖啡屋就是满足更高级需要，满足创意、创新、创业需求的一种特别的存在；是作为休闲、交友、放松需求的一种特别存在，更是文化休闲产业崛起需要的存在。作为强势的政府必然会拓展城市的第三空间；城市的白领、创业者、科学工作者、年轻人更需要拓展生命的第三空间，更需要咖啡屋，可以说咖啡屋是生逢其时。

哪里有咖啡屋，哪里就有休闲产业。咖啡屋行业作为休闲产业其中的一个分支，在一定意义上也体现了休闲产业的发展状态。咖啡屋的存在说明所在城市的休闲产业的基本现状。但如何健康地发

展它，还要靠政府、商家和消费者的共同努力。现在城市建设热衷于修大马路、大广场、大高楼、大绿地等，造成很多公共设施不可消费，大广场，就是城市热岛，大绿地只是看一看，根本无法消费与休闲。真正站在以人为本的角度，城市建设一定要追求“小”。小马路、小广场、小绿地、小咖啡屋。小马路来回走，很方便，小广场随时随地可以消费，小绿地改善了城市的设施，丰富了城市的生活。这种“大”和“小”的差别就是工业化中期和后工业化社会的差别。所以，休闲城市的建设，从根本上来说首先要解决政府的理念问题。能否创造一个好的环境给群众消遣休闲，并获得正确的精神享受，决定了当前和今后休闲产业能否健康繁荣发展的态势。

有关数据显示，仅仅在20多年间，中国咖啡市场就以飞跃式的幅度增长：1990年，中国咖啡销量为23 537袋（1袋60千克）；1995年为159 000袋，五年翻了6倍；2000年，中国的咖啡销量为318 000袋，比1995年又翻一番……从咖啡分类来看，中国咖啡消费中速溶咖啡占60%，冲泡咖啡消费仅占30%。按雀巢公司的统计，按照中国速溶咖啡40%的年增长率、传统咖啡30%的增长率来算，未来中国的咖啡消费空间极大。①

现在，中国的咖啡市场仍然在起步阶段，平均每人每年的咖啡消费量是4杯，即使是在北京、上海这样的大城市，每人每年的消费量也仅有20杯。而在日本和英国，平均每人每天就要喝一杯咖啡。在国内许多大中城市咖啡专业场所数量每年在以30%左右的速度增长。但是随着中国经济以及生活方式的快速发展，咖啡一定会在人们生活中扮演越来越重要的角色。而咖啡文化的推广也是我们所要面对的挑战之一，这需要一个过程，可能我们现在做的很多事情并

① 周宇婷. 从南宁咖啡屋的分布看南宁休闲产业的发展[J]. 经济研究导刊，2013(25).

不能直接或马上带来经济上的收益，但我们会持续不断地坚持下去，并希望更多品牌参与到推广咖啡文化的事业中来，让人们更多接触和了解咖啡。[①]

调查还显示，在京、沪、穗三地，人们出入咖啡屋的首要目的是结交朋友，然后是提神放松和消磨时间，真正为了品尝咖啡美味而去咖啡屋者并不多。在这次调查中，有 50.5% 者表示出入咖啡屋只是为了结交朋友，33.4% 者表示为了提神放松，真正奔着咖啡的美味而去咖啡屋者仅占 17.6%。[②]

虽然如此，咖啡屋的快速发展，成为中国走向世界的见证，代表着中国在迈向市场经济进程中的一个风向盘。人们消费咖啡的需求更多的是停留在"情感消费"层面上，而不是咖啡本身。在现阶段的中国，如雨后春笋般在北京、上海、广州等大都市涌现的咖啡屋，更多的是西化生活和都市新兴阶层的象征，去咖啡屋喝咖啡逐渐与时尚、现代生活联系在一起，咖啡屋是家与工作场所之间的缓冲地带。随着人们生活习性以及文化思潮多元化与国际化的发展，未来的咖啡消费在中国的发展空间无可限量。

BMI 研究公司的奥贝蒂说，咖啡公司正押宝中国对这种饮料的需求增长，而且有些公司还把它们的产品变得更甜而且牛奶更多一点，以迎合中国人的口味。像星巴克和太平洋咖啡等大型咖啡连锁店在全国各地的大城市都有分店，而且提出了雄心勃勃的增长目标。星巴克在中国大陆有 823 家门店，公司希望到 2019 年将门店数量增加到 3000 个。

在中国香港和内地有大约 400 家门店的太平洋咖啡预计未来 5 年对其咖啡的需求也将强劲增长。太平洋咖啡的一位发言人说：

---

① 何文龙 . 咖啡文化传播无止境 [J]. 声屏世界 · 广告人，2012(08).

② 丁莹 . 咖啡屋离国人有多远 [N]. 中国质量新闻网，2004-07-30.

中国出现越来越多国外的咖啡屋也促进了这个国家咖啡文化的流行……海归也把他们在海外的经验带回了中国。中产阶级的崛起促进了中国咖啡市场的繁荣发展。专家预计，到2020年中国将成为全球最大的咖啡消费国，如果中国人均每天喝一杯咖啡的话，仅咖啡豆市场每年将达到500亿美金，整个产业链达上千亿美金。

我们即将进入一个咖啡消费盛行的时代。

第九章

咖啡休闲：生命中三大空间的平衡

一、从钱锺书围城论看第一空间的必要与局限

前面我们引用了美国社会学者奥登伯格的观点，将家庭叫作生命的“第一空间”，将所供职的单位叫作“第二空间”，家庭与单位之外能够见面谈话交流的地方是“第三空间”。

为什么家庭是第一空间？因为，家庭是人生的第一站，是人生的第一所学校。当我们处于少小离家、四处求学、成家立业的过程时，我们就在打造我们生命的第一空间。家庭就是生命的第一空间，但这个空间随着时代的变迁在不断变迁。空间不像宇宙那样在膨胀、加速膨胀，而是在缩小、加快缩小。中国传统家庭模式一般至少包括夫妻和子女两代人，并普遍存在三世同堂、四世同堂甚至五世同堂的现象。但“五四”运动在高举科学与民主旗帜时，在批判封建专制主义、批判封建礼教、批判它的代表人物孔子时，追根溯源，找到了它们的社会基础，便是家族制度，于是对家族制进行了系统的、尖锐的批判。指出家族制度是两千年来中国社会的“基础构造”，是封建专制主义的“根据地”。这些先行者认为：两千年来中国的经济是“农业经济”，最基本的社会组织是家族制度；封建专制主义则是在家族制度上产生的上层建筑，一切封建的伦理、道德、学术、思想、风俗、习惯，也都是家族制度的上层建筑与意识形态；家族制度破坏人们的独立人格，窒息人们的自由思想，剥夺人们的平等权利，要改变中国社会“种种卑劣、不法、惨酷、衰微之象”，必须摧毁“家族本位主义”的家族制度；要推翻专制统治和

批判封建礼教，就必须消灭封建家族制度。他们认为：当时中国的种种政治和思想的解放运动，都可以归结为打倒家族制度的运动；凡是打倒君权、父权、夫权的运动，批判旧礼教、旧道德的运动，批判孔孟之道，打倒孔家店的运动，都是从某一个方面打倒家族制度的运动。①

随着社会进步和时代变迁，随着全球化进程、改革开放的深化，婚姻观念、性观念的巨大变迁，特别是三次《婚姻法》的颁布与30多年的独生子女政策，传统的中国家庭规模和家庭结构都在发生变化。家庭规模小型化、家庭结构简单化和家庭模式多样化，同时出现了多种婚姻方式：丁克族、周末婚、试婚、无性婚、同性婚、合约婚，真是斑斓纷呈。

此外，全球化浪潮、世界扁平化、世界产业大转移、快速城镇化步伐，使传统社会中家庭所担负的职能逐渐地社会化，比如做饭、洗衣、养老等职能的社会化。传统只能在家庭中得到满足的东西，在现代社会人们绝大多数可以从社会直接获得。家庭对于现代人的意义下降了，生命的第一空间的地位也在下降，第一空间的范围在缩小。家庭作为情感寄托、衣食来源、颐养天年之所的意义降低了。

第一空间更多是生理的空间、社会结构基础的空间，对现代人来说更是情感的空间。走进第一空间是生命的必然，但或许也是无奈。钱锺书先生在《围城》中，说出了中国人家喻户晓的名言：婚姻是城堡，城外的人想冲进去，城里的人想逃出来。据说是法国人说的，按法国人的浪漫情怀应该是。家庭，真是一个奇怪的城堡。婚前，人人都恨不得削尖了脑袋，竭力想钻进去。真的钻进去了，才发现不过如此，又想方设法走出围城。

① 李大钊．从经济上解释中国近代思想变动的原因[J]//杨知勇．家族主义与中国文化．昆明：云南大学出版社，2000：67.

二、第二空间：生命的必需与无奈的扩展

哲学家对幸福的定义有多种。但其中有一个我最认可：有人爱、有事做。有人爱就是生命必须要有第一空间；有事做，就是有工作就是生命的意义，必须通过第二空间来实现。工作是一个人天赋的权利，生命中几乎一半的时间给了工作。在工作的第二空间，我们不仅挣钱养家，而且在工作中成长。包含着阅历的沉淀、意志的养成、思维方法的习得、决断能力的培养等。第二空间不仅是一种生存的需要，也是社会的需要。只有融入社会的人才是真正意义上的人。具有社会属性的唯一办法，就是进入生命的第二空间。在第二空间，才能使我们从马斯洛的生存的地下室欲望走出，走向自我完善、自我提高、自我约束、自我拯救与自我价值的实现。

心理学家们认为，一个人的工作满意度，与他自认工作是否有意义的感觉有着极大的关系。而工作的价值，完全在于人们对工作赋予的定义。如果一个人认为，工作就是“用时间换取金钱”的活动，那恐怕还没开始上班，就已经觉得枯燥，注定沦为工作的情绪奴隶。然而，要是你能找到工作劳动的真谛，赋予它深层的心理意义，例如：“我的工作可以让我不断学习与人建立深厚情谊”，就能超越工作任务的行为定义了。一个从来就不需要工作的人，很难完全体验人生的意义。

工作是完善生活的需要，工作是生活的一部分，但不是全部。前面说到，幸福就是有人爱、有事做。现在，要问的是，这个事是就业还是创业？是创业就要有创意、创新，就要有团队、有资源、有创业资金，包括创业指导，这些只有走出第二空间进入到第三空

间才能得到，比如到咖啡屋去。没有创意、创新的工作本质上是没有意义的。工作如果只是就业、只是服从、只是为了生存，就有它的局限性。如果这个时代主流价值观是一个创意、创新、创业的价值观，那么，你对工作的解释只能来自创意、创新与创业。当你创业成功后，当你从贫穷中解放出来，当你从老板的颐指气使的暴戾中解放出来，当你从早九晚五的工业时间暴政中解放出来时，你才会有幸福感、成就感、快乐感。所以，当我们要走出贫穷、走出打工、走出单调、走出封闭、走出时间的约束时，就要走进咖啡屋，在那里，寻求思想的解放、心灵的自由、事业的发展、社交网络的拓展、思维方式的改变。此外，社会的进步、经济的发展、科技的重大突破，工作时间会越来越少，休闲方式的工作会越来越普遍、休闲时光会越来越多。我们必须走出第二空间，进入第三空间，特别是进入咖啡屋。在品尝咖啡的过程中，寻求创意的灵感，寻求创新的思路，寻求创业的机会，寻求社交网络的拓展，寻求心灵的宁静。

但是，第二空间在不断的侵蚀第一空间。快的工作、加班的时间侵蚀着第一空间的婚姻与爱情。“忙”或许是借口，也可能是事实。比如，夫人过生日时，让快递送鲜花等礼物给自己的太太，以此来维系夫妻之间的关系，而不是亲自下厨为家人做一顿丰盛的晚餐，或陪她到外面逛逛，一起享受悠闲的时光。第二空间，不管你承认不承认，它在侵蚀着你的第一空间。

工业化带动的城镇化，具体体现的是农村村民的城镇化，农民转化成不再回村的农民工。导致农民工的生命的第一空间发生变化。根据美籍华人学者阎云翔的《私人生活的变革——一个中国村庄里的爱情家庭与亲密关系》所指出的，新中国成立后的土改政策和新《婚姻法》的实施，改变了传统中国农村社会以家族为单位的结构，而且也在慢慢瓦解传统乡村社会的情感联系模式。这样一个过程，带来的是情感表达方式的差异，从传统的父母包办，媒妁之言，逐渐开始出现自主择偶。真正对农民的婚姻观念、婚姻方式起到伤筋动骨作用的，乃是在20世纪八九十年代逐渐兴起的打工潮。从新中国成立到打工潮兴起之前，中国农民的婚姻生活逐渐发生变化，但是这些变化都是有限的、渐进的，直到打工潮兴起之后，真正意义上的、西方式的婚姻爱情革命才开始浮现。从这个意义上说，中国农民的婚姻革命才刚刚来临。也就是说，中国农民的城镇化的过程，也是第二空间不断侵蚀第一空间的过程。

三、咖啡屋是侵蚀第一空间的第三空间

"有人爱、有事做"的说法应该是弗洛伊德观点的通俗化。弗洛伊德说：爱情与工作是"人类的基石"。他认为，爱情（亲密感和有关联的感觉）和工作（感觉自己的努力是有用的）是人类生活中创造自尊和乐趣的主要源泉，只有二者之间达到平衡，我们才能得到满足。[①] 弗洛伊德的观点是深刻的，也是不足的。有人爱、有事做，是幸福的最低标准。要提高幸福感，必须要拓展生命与幸福的第三空间。走进咖啡屋实际上是提升第一空间的内涵。爱，爱的浪漫、爱的过程或许需要到咖啡屋去体现、去实现。咖啡屋适合谈情说爱、轻声款语，让恋爱具备了一种优雅的品质，与咖啡的香味一道获得了味觉与视觉上的呼应。它让恋人们相对平静，可以互相沉浸在沉

① 转引自曼弗雷德．凯茨．德．弗里斯等．家族企业治理——沙发上的家族企业[M]．钱峰等，译．北京：东方出版社，2013：4.

默中，轻声对谈亦沾染了一丝情调。默默无声，偶尔发呆，偶尔又埋下头来读书、写字的人，也许会幻想着在这里奇迹般地出现一个心仪的恋人，那种对邂逅的期待在他心里悄然蔓延。或许他还是一个写作者，渴望用文字来补偿和召唤他现实中恋情的缺席——于是他发呆，在书中寻找，在文字中寻找。而咖啡馆以它的优雅与时髦的氛围为他的想象提供了心理幻觉的保证。

许多朋友，独自一人走进咖啡屋，不为别的，只是为了回想他初恋的时光。更深入地说，每个走进咖啡屋的人，在某种意义上都是一个孤寂的城市人回返他母亲的安全和舒适的子宫，希望在这个焦虑、寂寞、迷惘与孤独的心灵得到母体的滋润和爱抚。

到咖啡屋去解放自己，英国咖啡馆运动就是妇女解放自己，拓展自我生存空间的标志性事件。英国咖啡屋的发展也经历了不平凡的阶段。咖啡屋在英国伦敦产生，当时只允许男性到咖啡屋去，女子（除了老板娘外）不得入内。这种情形惹火了英国妇女。1674年，咖啡馆在英国境内如火如荼时，英国妇女发表了《妇女抵制咖啡申请书》，她们抱怨说“英国男子昔日威仪如今荡然无存，这是因为过度饮用最新流行的、异教徒的饮料咖啡所致……”一位男性作家站在女性的角度写道：“男人们由于热恋咖啡而不思性欲，使他们的妻子寂寞绝望……”[①]英王查理二世于1675年颁布禁开咖啡馆的声明。至于英王此法令是出于对妇女的尊重，还是对咖啡馆内民众批评时政的言论感到恼火和不安，不得而知。但实际的情况是，此法令遭到全英国的反对，甚至妇女也站出来反对关闭咖啡馆——他们害怕丈夫又回到从前酗酒的状态里。声明发表一周以来英国境内动乱频繁，几乎危及查理二世的王位，于是，查理二世在禁令执行的前两天便取消了禁令。

① 转引自余泽明.咖啡馆里看欧洲[M].济南：山东画报出版社，2007：39.

实际上，英国妇女的《妇女抵制咖啡申请书》运动本质上是维护她们生存的第一空间，防止第一空间被侵占、被挤压的反抗。这可以从伦敦妇女举行集体请愿活动看出，她们认为咖啡屋流行会“威胁家庭、动摇社会”，并呼吁“救救将成为侏儒、退化成猴子的男人们”。[①]但是，到英国妇女可以进入咖啡屋时，咖啡屋则焕然一新。特别是1955年以后，伦敦装潢精美的意式咖啡馆随处可见，顾客盈门，人们在里面喝摩卡壶冲泡的浓缩咖啡。而且，这次咖啡屋不再是男人的专利，也对女人敞开了大门，于是一时间咖啡屋成了红男绿女云集的时髦场所。咖啡屋逐步侵占第一空间的空间。

花神咖啡(caf é de Flore)名称来自古罗马女神Flore，浪漫无比。在咖啡馆，最有趣的是可以窥见巴黎人的行为模式及生活方式。情人们在咖啡馆热吻旁若无人，服务员宁愿晚下班也不愿意破坏情人们的长吻。借助花神咖啡馆的爱情故事摄制的《花神咖啡馆的情人们》说的是西蒙·波伏娃与保尔·萨特的爱情故事。最让世界知识分子心醉神往的该是电影中的花神咖啡馆。正是萨特和西蒙·波伏娃在花神的爱情和创作，让法国左岸咖啡中的花神更有了知识和艺术的氛围，成为历史中的一段佳话。花神咖啡馆与《花神咖啡馆的情人们》实际上在挑战传统的情爱的第一空间，借助第三空间入侵第一空间，以致颠覆第一空间。

影片《花神咖啡馆的情人们》讲述的是西蒙·波伏娃[②]对让－

① 余泽明．咖啡馆里看欧洲[M]. 济南：山东画报出版社，2007：81.

② 西蒙·波伏娃的个人经历比任何文学虚构所能达到的程度更丰富、更复杂、更精彩。历史上，还从未有过哪位女性，能像她这样在那么多的领域获得赫然的坐席、赢得震耳的名声：现代妇女运动最早的权威理论家；现代存在主义思潮的发起者之一；龚古尔文学大奖获得者；圣西门式的传记家；激进的左派人士；社会主义阵营的朋友；惊世骇俗的女才子……法国的两届总统密特朗和希拉克，都把她的才华和成就引为法兰西的骄傲。

保尔·萨特[①]的爱情。她被大学破格授予第一位女性教师资格证，搬出家里自己赚钱生活。萨特很欣赏波伏娃小姐的反叛和勇气，他们是情人也是知己。这里，我看到一位对自由和知识无限追求的女子，电影中多次出现的画面：波伏娃小姐坐在花神咖啡馆或者外面的露天长椅上，高高束着的头发，长的连衣裙，尖角的高跟鞋，手里捧着一本书，或是埋头在大本的书里不停地写着。

更深刻的问题是，萨特从一开始就对波伏娃小姐坦诚相待，他说“我疯狂地爱着您，而且会一生爱着您，但我是个作家，不能局限在一种生活方式里，我需要空间、新鲜感、兴奋和刺激。你是我的必需，但我还需要其他的偶然爱情”。波伏娃就此接受了和萨特的婚姻合约。波伏娃接受萨特的婚姻契约，实际上是挤压或者铲除了女人情感之基础的婚姻，即第一空间。作为女人，波伏娃深爱着风流才子萨特；作为知己，波伏娃崇拜萨特的才华横溢；作为朋友，萨特每一次爱情的结束，战争中创作的中断，身后的支持者和安慰者都是波伏娃女士。这是波伏娃为了拓展生命的第三空间而获得的爱情、自由与成就。正如萨特所说，他的一切归功于西蒙·波伏娃。《第二性》[②]是波伏娃获得世界性成功的一部巨著，是有史以来讨论妇女的最健全、最理智、最充满意志、智慧的一本书，被誉为女人的“圣经”，成为西方女人必读之书。

---

① 让－保尔·萨特（1905—1980），法国哲学家、作家。主要作品有哲学著作《存在与虚无》《存在主义是一种人道主义》《辩证理性批判》；小说《恶心》《自由之路》三部曲；剧本《苍蝇》和《禁闭》等。1964年作品《苍蝇》获诺贝尔文学奖。获奖理由：“因为他那思想丰富、充满自由气息和探求真理精神的作品对我们时代发生了深远影响。”

② 《第二性》被誉为“有史以来讨论妇女的最健全、最理智、最充满智慧的一本书”，甚至被尊为西方妇女的“圣经”，被誉为“女性圣经”。波伏娃以涵盖哲学、历史、文学、生物学、古代神话和风俗的文化内容为背景，纵论了从原始社会到现代社会的历史演变中，妇女的处境、地位和权利的实际情况，探讨了女性个体发展史所显示的性别差异。《第二性》堪称一部俯瞰整个女性世界的百科全书，她揭开了妇女文化运动向久远的性别歧视开战的序幕，使女性在这个男权社会有所觉醒。

另一方面，波伏娃也为爱情挤压了女人生存与婚姻的第一空间而付出成本。波伏娃毕竟是女人，虽然她也有情人，但最终还是因为不能“独占”萨特而倍感受伤，彻夜哭泣。“我和所有人一样，一半是同谋，一半是受害者。”波伏娃再理性再睿智，终究解不开爱情这个死穴。如何平衡第一与第三空间或许是所有既追求爱情、婚姻，同时又追求事业的两难选择。

四、咖啡屋是侵蚀第二空间的第三空间

当今，第三空间也在不断侵蚀第二空间，首先体现的是工作时间在不断地缩短。经历“文化大革命”时代的人，经历计划经济时代的人，不能忘怀的不是一周只有星期天休息，不是经常“革命加拼命、拼命干革命”的加班加点，而是星期天也常常加班，不仅如此，每天还加班加点。以我自己的经历为例，当时我在一个船厂工作，是电焊工，经常加班到晚上 9、10 点钟，或者凌晨 2、3 点又被叫到船上加班。记忆很深的是，在当知青时期，大年初一也要过一个革命化的春节，不仅不能回家探亲，还要加一些没有效率的班，以体现过革命化的春节。

改革开放 30 多年以来，社会确实在进步，工作时间在制度化、在不断缩短。从 1994 年开始，国家实行劳动者双休日制度，每周工作时间从工作 6 天到工作 5 天，这就是一个进步。2011 年国家颁布了《国务院关于修改〈国务院关于职工工作时间的规定〉的决定》（国务院令第 174 号），现在，从全年日历时间 365 天中扣除 52 个星期的公休日 104 天，扣除法定节假日 11 天，全年应工作 250 天，每月平均工作 20.83 天，按每天工作 8 小时计算，每个月平均工作

约 167 小时。

2015 年 8 月 11 日，中国政府网发布《关于进一步促进旅游投资和消费的若干意见》。《意见》提出，优化休假安排，激发旅游消费需求。有条件的地方和单位可根据实际情况，依法优化调整夏季作息安排，为职工周五下午与周末结合外出休闲度假创造有利条件。可见，政府在不断缩短工作时间，不断在通过第三空间侵蚀第二空间。

第三空间在不断侵蚀第二空间还在于工作时间还会不断缩短。这可以从谷歌联合创始人拉里·佩奇与墨西哥亿万富翁卡洛斯·斯利姆都在连篇累牍地兜售减少每周工作时日的益处看出。他们有太多理由认为，人们应该转向更短的每周四天工作制。

其一，他们认为，工作过度有害健康。依据职业健康安全来看长时间工作的代价是巨大的。心血管疾病、胃肠道和生殖问题、骨骼肌肉疾病、慢性感染、精神健康问题，甚至是更高的全因死亡率——换句话说，就是死亡！比如当今精英阶层的“过劳死”就是具体体现。

其二，他们认为稍短的工作时日可以创造更多更好的职业。举个例子，企业雇主会选择为所有的员工缩短 20% 的工作时日——从每周 5 天到每周 4 天，来替换下调工作量的 20% 的做法。类似的措施也被其他地方很好地应用过。比如，当韩国的法定工作时间每周从 44 小时降为 40 小时后，就业量和生产率都会有所提高。全球经济危机期间，德国缩时工作制的一些政策会鼓励企业通过缩减工作时日而不是减少职位的方式来肩负起降低自身产品和服务需求的责任。

其三，工作越少效率越高。在世界的很多地方，长的工作时间对应高的工作效率已经被作为一个信条。问题是这个信条显然是不

准确的，相反，工人工作时间最长的那些国家中的许多都有相对较低的劳动生产率。在工作环境中尤其有这样的现象：企业鼓励出勤主义，或者说“露面时间”，而这都是向你的上司展示你工作有多么努力而不是真正地投入到工作中。但“露面时间”是浪费时间的：这不能提高你的工作效率或者改善工作现状。相反地，更短的工作时间显示可以促进工人的积极性，降低旷工率，减少出现错误和事故的风险，以及阻止员工流动。所以缩短工作时日不仅对工作者有益，还有利于商业。

其四，减少工作会有利于环境。随着近日所有关于“绿化”我们的经济的话题增多，人们却很少谈论缩短工作时间的问题。然而，很明显我们工作得越多，我们的“碳排放量”就会越大。缩短我们的工作时日——那么我们从家里转换到工作地点的次数也会减少——这就一定会节约能源，降低碳排放量以及最终有利于“绿色”经济的形成。

最后，稍短的工作时日会使我们更快乐。大量的研究已经将定期的长时间工作鉴定为预示着工作生活冲突的一个重要因素。这听起来也许很平淡无奇，尤其对于有孩子或年迈父母要照顾的人来说，但事实说明工作时间太长会导致在家里有更大的压力和焦虑。事实上，一项新的研究表明，缩短的工作时日会直接关联到总体生活满意度的增加，或者说“幸福感”。

可见，为了形成一个更幸福、更健康和更稳定的社会，人们的第三空间侵蚀第二空间也是历史的必然。第三空间在不断侵蚀第二空间，体现了大政府、小社会正在向小政府大社会转型。通俗的来讲，就是在社会活动中弱化政府的职能，政府由管得过“宽”过渡到管得“窄”，充分地发挥出市场、社会组织的自我调节能力。政府权力小了，相对社会的权力就大了。政府不该出手的事统统由“大社会”

来解决，发挥企业、市民与社会组织自我管理的功能与效率。

我们知道，改革开放以前的政府是全能的政府，掌管人民的一切生活，从工作到婚姻，从生育到幼教，而单位办社会便是这一体制的集中体现。单位办社会，意味着单位是城市居民的唯一经济来源，包括住房、医疗费用、副食补贴、退休金等福利也来自单位。企业不仅是一个生产组织，而且还是政府的一个附属机构。企业不仅要接受政府分配的计划生产，还要协助政府对社会成员的行为进行管束。在人还不是完整的“权利单位”，而只是“单位人”时，政府正是通过单位实现对社会成员的管理。同苛严的户籍制度一样，档案管理制度的存在不仅不会增加公民的任何权利，相反，共和国公民的合法权利往往只能通过单位证明才能获得。也就是说，改革开放前，我们只有第二空间，第一空间已经被无限挤压，第三空间是一个可以忽略不计的空间。

1999年，我曾撰写一篇很难发表但最终发表的文章：《从红色政权到绿色政府》。其中提到中国要从大政府、小社会向小政府、大社会转型。其理由有如下几点：政府的强制减少了自由，而自由本身就是免受政府约束的状态；政府的决定很可能是在信息和知识不充分的条件下做出的。做出的决策越大，其危险可能就越大；是公民个人、企业家，而不是政府最知道把他们的钱投到什么地方最明智。若这些钱由政府以税收的形式拿去投资，既造成中间环节的流失（如用于维持庞大的官僚队伍，乃至官僚中饱私囊。）又造成严重浪费。市场越自由越有竞争性，受到的干预越少，其效率就越高，就越能带来创新和经济增长。反对政府的扩张，包括反对政府以牺牲他人为代价而把经济搞上去的做法，这种做法实际结果是把大量利益让给特许的个人或集团。只有小政府，才是有效的政府。确定小政府职能的三原则：凡是可以由民间完成的事情，政府就不应该插手；凡是由民间可以以更小的成本完成的事情应该由民间去完成；凡是只能由政府去完成的事情，政府在执行时应该接受民间的监督。①

耶鲁大学终身教授陈志武在《我们的政府有多大？》一文中对中美两国财富在民间和政府之间的分享结构进行了对比。他指出：在美国，资产基本都在民间个人和家庭手中，美国政府基本没有生产性资产，即使土地也只是少量。与此相反，在中国超过 76% 的资产由政府拥有，民间只有不到 1/4 的资产。“正因为中国太多的收入和资产财富掌握在国家手中，而不是将更多收入、更多资产由私人去消费、去投资，使跟民生贴近的服务业难以发展。”②

近几年来，有识之士越来越意识到经济主导型政府的不足。吴敬琏、陈清泰等经济学家力主改变目前的政府主导型经济。众所周知，近 30 年来中国经济的高增长基本上是靠投资尤其是政府的投资拉动的。然而不可否认的是，裹挟其中、席卷天下的各种政绩工程，因为不受市场规律制约，不考虑投入产出比，投资损耗极大。据世界银行估计，“七五”到“九五”期间，中国地方投资决策失误率在 30% 左右，资金浪费损失大约在 4000 亿到 5000 亿元。中国人民大学公共管理学院的毛昭晖教授指出，从国际的视角看，我国的地方决策失误率达到 30%，西方发达国家却只有 5% 左右。专家学者认为，从“文化大革命”的政治决策失误，到改革开放以来某些地方政府的经济决策失误；从大型国有企业的投资决策失误到民营企业家的发展战略失误，由此给中国国民经济造成的损失无法估量。尽管中央领导一再强调决策的科学化、民主化，但直至今日，我们

---

① 甘德安．从红色政权到绿色政府 [J]. 咨询与决策，1999(02).

② 陈志武．我们的政府有多大？ [N]. 经济观察报，2008-02-23.

仍然没有走出决策失误的怪圈。[①]

面对中国新一轮的“圈地运动”，政府主导型经济在某些地方已经演变成对人与自然的“双重掠夺”：一方面是掠夺自然资源，大量圈地却抛荒无数；另一方面是掠夺民众，诸如野蛮征地与拆迁已成为中国基层社会的最主要矛盾。[②]

社会是什么？社会就是第三空间的人、时间、活动与组织。凡不是第一与第二空间的内涵就应该是第三空间的内涵。所以，随着改革开放的进一步深入，第三空间侵蚀第二空间成为历史的必然、逻辑的必然、公民社会形成的必然。

五、咖啡屋是散落在现代化城市的明珠

人类似乎永远都是一种害怕孤独的动物，我们可以说城市是人类最初的梦幻天堂，但却不敢肯定地说城市是人类最后的温暖家园。美国著名城市研究专家詹姆斯·特拉菲尔说：“科技改变城市面貌，欲望则铸造城市的品格。”[③]

咖啡屋应该是散落在城市的灿烂明珠。不论是北京、上海还是其他城市，我们缺少像巴黎左岸的“花神咖啡屋”“双偶咖啡屋”“伏尔泰咖啡屋”这样的咖啡屋群；缺少像波兰探索科学与艺术的“罗马咖啡屋”“苏格兰咖啡馆”这样的咖啡屋；缺少像伦敦那类探索科学精神的“奥林匹克咖啡屋”这样的科学咖啡屋；缺少具有图书馆咖啡屋美誉的“凯普特咖啡屋”；缺少具有文学情怀的罗马“希腊

① 高福生，朱四倍．决策失误是中国最大的失误[J]. 决策与信息，2009（07）.

② 熊培云．重新发现社会[M]. 北京：新星出版社，2011：30-31.

③ 转引自海默．中国城市批判[M]. 武汉：长江文艺出版社，2004.

咖啡屋”与具有革命情怀的“布啦－布啦吧”咖啡屋，它们都是城市耀眼的明珠。

正如水田中不长水稻，自然就长野草，这个社会弥漫着浮躁，话题依然是挣钱、追星与八卦，缺少文学、艺术、哲学的情怀，缺少自由的向往。我们缺乏外国人流连忘返的咖啡屋，比如缺少德国人在罗马流连忘返的“希腊咖啡屋”；伟大的牛顿、哈雷等大科学家促膝谈心的“希腊咖啡屋”；与歌德、拜伦、雪莱、叔本华、李斯特等大家联系在一起的罗马“希腊人咖啡屋”。也缺少萨特与波伏娃相聚相恋、伏案写作的花神咖啡屋；普希金、莱蒙托夫、陀思妥耶夫斯基留恋的圣彼得堡文学咖啡屋；孵化毕加索、达利、米罗等艺术家的巴塞罗那四只猫咖啡屋。或许，我们没有大家，所以，没有这些伟大的咖啡屋；或许，我们没有产生大家的时代与咖啡屋。现在，我们需要咖啡屋，因为，我们需要诺贝尔科学奖的获得者，需要激发即将成为大师灵感的时空与培育即将成为大师的温床。

回看中国大都市的咖啡屋。虽然现在我们有名扬天下的创业咖啡屋3W咖啡屋、车库咖啡屋，作为80后、90后及风投的聚会之地，但很难说，这些咖啡屋是城市的明珠，是思想家、哲学家、文学家与艺术家流连忘返的地方，是他们不可须臾离开的地方，是他们创作伟大作品、发现伟大真理的地方。是否是因为我们缺乏这样的咖啡屋，我们就缺少科学的大师与科学的诺奖获得者，缺少征服世界读者的文学著作与艺术作品。城市缺少科学、文学与艺术的探究，缺乏追求科学与民主的精神的空间——咖啡屋，是否是因为我们的城市缺乏休闲？

芒福德 (Lewis Mum-ford) 认为城市的本质实际上就是人类的化身，他将城市的本质看作是其文化功能的体现；早在古希腊，亚里士多德就已认为城邦的本质就是人的本质，城邦以人为主体，对人的关注和完善才是城邦的目的。1933年《雅典宪章》指出：城市发展的目的是要解决城市居民工作、居住、交通与游憩四大功能的正常运行。可见，城市不仅是市民工作的场所，更是市民休息休闲的场所。其中以市民休闲方式、休闲习俗最能体现一个城市的休闲文化特色。英国作家艾温·施欧(Irwin Show)在他的《巴黎！巴黎！》一书中写过一句深入骨髓的话:“在巴黎，你之所以要从咖啡桌开始，是因为巴黎的一切都是从咖啡桌开始的。”西班牙超现实主义电影大师路易斯·布努艾诺（Luis Bunuel，1900—1983）在其自传《我的最后一口气》中这样写道:“如果没有了咖啡馆,巴黎就不是巴黎”。如同众多文学家、科学家认为的,咖啡屋就是巴黎的骨架,一旦抽去,就会散入尘沙；咖啡因相当于巴黎的精神，一旦滤掉，就会迅速腐朽……用我的话说,这座城市与咖啡屋的关系就如同母亲与子宫。[①]

如果以中国城市特色举例，那首推的就是广州的早茶。广州是个老城，这不仅仅因为它拥有一千多年的历史，更是因为有众多的老人散布在大街小巷的茶楼之中。这些闲来无事的老人延续着几百年来的习俗，一大清早便踱到茶楼中，叫上一壶清茶，两块小点，或闲聊，或阅报，将早上的大半时光悠闲地打发。广州的早茶因为这些老人，显得格外闲适。同是生意人，广州的生意人或许受了广州老人的影响，喝早茶的节奏也显得平和、缓慢，有事没事坐上几个小时稀松平常。而且，广州的早茶名副其实，大清早4、5点就有茶楼开张，反正老人们睡得少，起得早，天不亮就赶去茶楼。正是由于他们的早起，使得那些生意人即使姗姗来迟，也无碍早茶之实。这就是广州，广州的茶楼如同巴黎的咖啡屋。

我们知道，人是群居动物，人类群居的基本形态——聚落无外乎乡村和城市两大类型而已，前者与传统农业社会关联，后者与现

① 转引自余泽明.咖啡馆里看欧洲[M].济南：山东画报出版社，2007：134.

代工商社会关联。作为脱胎于乡村村落的城市聚落形态，主要是近现代产业革命、工商业发展的产物，并大致沿着“乡村村落→乡村集市 (rural market) →城镇 (town) →城市 (city) →都市 (metropolis)”路径演进。中国发展之道，除了全球化、市场化、信息化等因素外，最为具体的、影响最大的还是工业化带动的城镇化。

中国重要城市为什么咖啡屋经济不发达，一是我们城市化发展指导思想是经济的发展、城市的发展，而不是人的发展；二是，我们的发展是复制而不是在文化传承中创新，城市建设千城一面。

现在的问题是城市化又在毁掉我们的生活。一是城市生存环境的恶化。当下城市建设最大的误区是，一方面克隆其他发达国家的城市,另一方面又没有克隆到这些城市以人为本的精髓。海默在《中国城市批判》中指出:“中关村在复制‘硅谷’、上海陆家嘴在复制曼哈顿，一座城市正在成为另一座城市的翻版，正像一首流行歌曲在卡拉 OK 厅里不断地翻唱。中国城市在塑造自身城市特色和品格的道路上与城市的终极理想背道而驰，愈行愈远，不仅如此，许多城市的决策者和城市人浑然不觉，并麻木不仁地在复制的快感中狂欢作乐。”[①]当城市在精神废墟上建起了一座座高楼大厦，这对人类来讲就是一场灾难和悲剧。跟风和赶时髦是中国人根深蒂固的毛病。在城市建设上有一个误区，那就是严重地忽视广大市民的需求，而一味地大搞所谓的“与国际接轨”，于是国际大都市风、开发区风、广场风、草坪风、地铁风、CBD 风，一阵接着一阵刮，每一次狂风过后，城市的个性和特色就被磨平一次，并留下了许多形象工程和政绩工程，其中许多又成了垃圾工程和烂尾工程，当前政府城市规划考虑更多还是经济发展的问题，体现在马路要宽、高楼要多、商场要大。

---

① 海默 . 中国城市批判［M］. 武汉：长江文艺出版社，2004.

二是城镇化发展定位不准。没有认识到城市休闲化是提升城市竞争力的有效手段。正如一个企业核心竞争力一方面来自其硬性的核心技术，另一方面来自其柔性的企业文化一样；同样，一个城市核心竞争力一方面来自其硬性的产业集群，另一方面来自其柔性的城市文化，特别是城市休闲文化。为市民创造一个适于工作与生活的城市家园,一个劳动与休闲获得平衡的宽松环境,体现“以人为本”的城市化方向，促进市民安居乐业，吸引人才落巢创业、商人投资兴业、旅游者休闲旺业，为城市可持续发展奠定根基，提升城市软实力。

城市化的必然逻辑是休闲功能的发展，咖啡屋就是标志之一。城市之所以成为自由、舒适、快乐和创造生活的象征，其本质在于休闲功能的实现。城市休闲功能是休闲时代、体验经济、人类生产生活方式转换升级、城市发展转型的必然，是未来城市发展要承担的重要属性、能力和效用之一。

正是休闲时间，使人恢复储存继续劳作的精力和动力，使人有更多的时间从事创意、创新活动，提高人们的审美情趣、丰富人们的生活内涵。通过休闲活动体现出生活情韵和生命灵光，这本身就是一种心灵与生命的升华。休闲可以实现人生超越。歌德认为，人生根本性特征在于人生活在理想世界中。人总是向着可能性前进，向着无限去超越。休闲作为一种自由、超脱人体生命的活动，能够实现人真正的本质。休闲能够实现境界转化和提升，也可以让人养精蓄锐，储备动力，实现成功。

在等级制度森严的古代社会，休闲和劳动是地位的象征，休闲和不劳动代表着特权，古希腊就是很好的样板。随着产业革命的出现，随道科技的进步，人们对劳动的认识发生了变化，工人阶级为了缩短工作时间和获得更多的休息权利展开了一系列的斗争,使“劳

动”和“休闲”的分离程度逐步降低，走向融合。语言学家塞缪尔·约翰逊认为，咖啡馆不仅是出售咖啡的场所，还是一种思想，一种生活方式，一种社交模型，一种哲学理念。相对于酒吧而言，这种欢宴与语言交流的融合使咖啡馆成为城市生活行为中一个独特的场所。维兰斯基把工作和休闲混合在一起时休闲的功能称为“渗透”。在现代社会中，休闲可能具有工作的某些特征，工作也可能具有休闲的某些性质。

咖啡屋，不仅是休闲的空间，也是办公室外的办公室。在城市CBD办公区的咖啡屋，我们可以看见有人一边在笔记本制作Word文件、PPT、Excel，一边独自饮着一杯咖啡。这些人应该是把办公室的地点搬到咖啡屋来的人，或者，他们本身没有办公室，他们只是自由职业者，到咖啡屋来可以多少消除了由于长期独自在家而产生的“幽闭症”倾向。人们把这些在咖啡屋里一边喝咖啡一边办公的人称作NOCO族（“NoOffice，CafeOffice”的缩写），每间咖啡屋都是他们的办公室。“咖啡是热的，上网是免费的，时间是自由的。”咖啡屋可以看作动静结合的地方：动如脱兔、静如处子；静的像植物，动的像动物；思维像动物，身体像植物。

如今，在物质财富极其丰富的国家已经率先进入了“休闲时代”。未来休闲将唤醒沉睡的城市休闲功能，主宰城市发展方向。曾留学法国的自由主义海派文人张若谷，在其著作《咖啡》一文中，把咖啡馆作为现代都市生活的象征，视文艺咖啡馆为“现代都会生活方面应有的一种设备”，他借日本人的语气感喟十里洋场的大上海竟没有一家中国人开的文艺咖啡馆。

的确，当人们越来越清晰地认识到自己生活在一辆叫作“疲于奔命”号的列车上时，咖啡当仁不让地站出来成了舒缓压力的最佳饮品。在这种甘甜与苦涩的交融中，紧张工作和生活着的人们找到了一种美丽在别处的生命情调，在这种情调的背后潜伏的是对自由的向往，对办公室规整生活的逃离，工作与咖啡同行。咖啡不再仅仅是一种饮料，它逐渐与时尚、品位紧紧联系在一起，体现出高品质的现代生活。

历史是以工作为主的休闲方式，是否可以改为以休闲为主体的工作关系；以前是以单位为主的工作方式，是否能改为以咖啡屋为主的工作方式，3W 咖啡屋已经有这种方式。农业文明时人类以土地的方式制约人们的工作与休闲方式，工业文明时人们以工厂与办公室为主要工作方式；那么，在移动互联网时代，是否可以以咖啡屋为主要的工作方式？从休息是为了工作，改变成工作是为了休闲。例如："比起日美德或几乎其他任何地方，北欧五国人每年工作时间要少很多，每个人职业生涯期限也短一些。不过，北欧国家状况相当不错：芬兰、丹麦和瑞典进入了全球竞争力排行榜前 5 名，落在后面的挪威和冰岛也在前 15 名内。'新教工作伦理'如何有助于解释北欧国家的成功呢？答案是北欧国民对待工作与休闲同样认真。他们认为在生活与工作中获得良好平衡如同过去勤劳工作一样重要。如今，良好的工作生活平衡被视为上帝选民的标志。换句话说，'新教工作伦理'已由'新教休闲伦理'来做补充。"①

随着"大众创业、万众创新"的日益深入人心，创意、创新与创业意义日渐显现；随着人们有更多的自由与休闲时光，文学、艺术、科学的爱好与追求在生命中的比重与意义逐步提升；随着中国经济从投资驱动向创新驱动、从硬创新转向软创新的转型，产业进一步转型，第三产业、休闲服务产业、文化创意创业的突飞猛进的发展，咖啡屋经济必然进入一个井喷的时期。

① 里斯托·彭蒂莱．休闲文化是北欧成功主因 [N]. 参考消息，2007-01-21.

附录

世界十大咖啡屋

作为著作本身，可能有太多文化、科学、历史与创意、创新与创业的内容；太多背后的哲学、经济学、心理学与创造学的探究。所以，希望通过附录平衡一下理论与实践的关系，务虚与务实的关系。所以，就编撰了一个关于世界十大咖啡屋的附录。关于世界著名的咖啡屋可以说太多，也可以说是仁者见仁、智者见智的事。特别是世界著名咖啡屋都与当地旅游景点相关联。所以，我选择世界十大著名咖啡屋的原则有三，一是尽量是自己亲身感受过，即到过这些国家的城市与咖啡屋；二是这类著名的咖啡屋对人类文明、科学、文化、艺术有着深远的影响；三是这类咖啡屋至今依然影响着大众。所以，选择这十个咖啡屋，没有太多的道理可讲，也没有必要争论选的对否。

一、巴黎花神咖啡屋：思想家的集聚地

诞生时间：1760 年
诞生地点：法国巴黎
咖啡屋年龄：255 岁

存在主义哲学大师萨特说："自由之路经由花神咖啡……"。"花神"咖啡屋，是巴黎三大著名咖啡屋之一，20 世纪 30 年代的装修风格，1865 年开始营业。

咖啡屋1865年开始营业，位于巴黎第六区圣日耳曼街172号，因当时门前装有一尊古罗马女神Flore的雕像而得名。它的室内采用经典的装饰艺术运动风格，红色座位，桃花心木和镜子自第二次世界大战以来并没有多大变化。馆内也花团锦簇、绿意盎然。由舒适的长椅、镜墙、桃花心木护壁组成温馨柔和的画面。它以接待文化艺术界人士而闻名于世，至今已有200多年的历史。这里不是风云际会之处，这里只是一个港湾，能让人得到片刻休息。左岸，花神就在左岸。

毕加索、萨特、布雷东还有政治人物托洛茨基都在那里喝过咖啡。除此之外咖啡馆与文学渊源颇深，甚至还有文学奖学金，并且在二楼上为得奖者保留专用座位一年，还在咖啡馆内永远陈列一只刻有得奖者名字的咖啡杯。

在20世纪20年代，年轻的周恩来也常去那里喝咖啡、写文章。店内的侍应生帕斯卡尔，性格开朗，对那些热血沸腾的穷书生，充满同情，而且喜欢和他们交往。中国青年周恩来，也成了他的朋友。有一段时间，周恩来手头拮据，帕斯卡尔总是借钱接济他，周恩来始终没有忘记帕斯卡尔的友情和对他的帮助。周恩来就任总理之后，在日理万机之中，也没有忘记这位老朋友，曾多次寄去中国香烟和茶叶给帕斯卡尔，帕斯卡尔每次总是分给同事品尝。花神咖啡馆一直到今天，还有许多人，知道中国有一位很重感情的总理。帕斯卡尔今已作古，但是花神咖啡馆一直到现在，还传扬着他与中国总理交往的故事。花神咖啡馆，现在是属于巴黎文化遗址保护单位。文物保护的盾形金属牌上，清晰地留着周恩来的名字。

与花神咖啡馆息息相关的还有存在主义哲学大师萨特与女权主义者西蒙·波伏娃的爱情故事。20世纪40年代，萨特和波伏娃曾在近四年的时间里，每天都来花神咖啡馆相聚，或一起伏案写作，

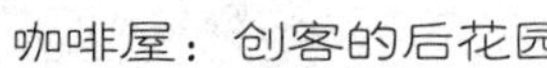

或一起与朋友畅谈，并且他们每天都坐同一张桌子、点一份花神咖啡最著名的 Omlete 和热巧克力，就像萨特自己说的“花神之路我走了四年，那是一条自由之路”，至于萨特和波伏娃在花神咖啡屋的一段恋情，可以去看一部名为《花神咖啡馆的情人们》的法国电影，这是 2006 年的一部法国传记电影。正是萨特和西蒙·波伏娃在花神咖啡屋的爱情和创作，让法国左岸的花神咖啡屋更有了知识和艺术的氛围，成为历史中的一段佳话。

二、牛津亚克布咖啡屋：科学家云集的地方

诞生时间：1650 年

诞生地点：英国伦敦

咖啡屋年龄：365 岁

英国最早的、开设在牛津大学的 Yacoub Coffee Museum（雅克布咖啡馆，也有的翻译为亚克布咖啡馆）。在这之后，咖啡馆很快在伦敦风起云涌，并很快吸引了一大批咖啡同道。咖啡屋起到“公开的思想交流地”与媒体沙龙的作用。

到 1665 年，亚克布咖啡馆成立了牛津咖啡俱乐部，加入者全是学术精英，该俱乐部于 1662 年升级为著名的“皇家学院”。在咖啡馆兴盛时代，人们习惯于在这里倾听来自各方的新闻、评论和知识，并自由地把自己的意见参与到当中去。但当咖啡馆的领军人物逐渐形成自己的俱乐部，而把面向公众之门关闭时，人们只好转向媒体寻求类似的资讯。由于咖啡馆文明氛围和咖啡便宜的价格，使得咖啡在市民和中产阶层中大受欢迎。从学生、职员、文人、艺术

家到普通劳工，对许多并不富有、但需要社交生活的男人来说，去咖啡馆是最佳选择。他们不必去豪华的娱乐场所挥霍，只需花几枚硬币就可以坐在咖啡桌旁会友谈天。通过谈天，人们可以交换新闻，获得知识，了解世界。人们边喝咖啡，边听诗人的朗诵、文人的高论、旅者的妙闻、艺术家的激进观点以及政治家的煽情演讲。客人们不仅能听，还能就各种话题投入辩论，各抒己见，在辩论中整理自己可能并不明晰的思路，提高自己的表达能力，从学识和才智上完善自己。所以，在英国的年轻人中流行过一首打油诗，将咖啡馆戏称为"便士大学"（Penny University）：

这样好的大学，到哪儿都找不到。

只需要一个便士，就可能成为学者。

自发性的对话与辩论，使咖啡馆逐渐具有了沙龙性质，志趣相投的知识分子可以自然而然地组成一个个主题不同、流派不同的文化圈子。早在莎士比亚时代，文人们就有了松散聚会、自由辩论的精神需要，不过那时的聚集地不是咖啡馆，而是酒馆，由于咖啡馆的出现并比酒馆更具有文化氛围，使得像牛顿这样的大科学家也是咖啡馆的常客，也是牛顿和他的同事们经常造访的据点。

入选理由：历史悠久、影响巨大、传播科学与创造新的科学理论的空间。

三、意大利希腊咖啡屋：罗马的名片

诞生时间： 1760 年

诞生地点： 意大利罗马

咖啡屋年龄： 255 岁

希腊咖啡馆：一个历史悠久的咖啡馆，地理位置很好，在罗马著名的西班牙广场康多提大道 (Viaondotti) 旁，这里是罗马历史最悠久的罗马希腊咖啡馆（AnticoCaffGreco），于 1720 年由一位希腊人开设。几个世纪以来，欧洲著名的艺术家、诗人和音乐家都热衷于在此聚会，甚至连当时的国王和教皇也曾光顾。

咖啡馆的装饰风格极为典雅，除保留了传统的大理石桌和大镜子外，还饰有多幅古典壁画，而里面的侍者至今也仍保留着当年的传统，着考究的燕尾服为客人提供服务。很多游客都会来这里玩，咖啡馆里面有很多古老的油画，还有绒毛的勃艮第家具。我喜欢在里面喝咖啡，不喜欢去哈瓦那酒店那种地方喝咖啡。

几十年来，希腊咖啡馆成了罗马度假必游之地，这里的焦糖玛奇朵美味诱人。英国诗人济慈、拜伦、雪莱，法国作家司汤达，意大利雕刻家卡诺瓦，丹麦雕刻家杜巴森，挪威作家易卜生，俄国作家戈果里，波兰音乐家肖邦，法国作曲家柏辽兹、比才，匈牙利作曲家李斯特，德国文学家歌德，美国作家马克·吐温等都曾在这座不朽之城最古老的咖啡馆里消耗大把大把的时光。此外，德国大文豪歌德的名作《塔里夫斯的公主》就是在此完成的。

这家古希腊咖啡馆是一间深深的而细长的多厅结构。进入咖啡馆首先是为那些匆匆而来、时间宝贵的人准备站着喝咖啡的柜台。咖啡客们排队点要各种咖啡，付账后，等待咖啡烧好后便站到一旁边喝边聊，然后匆匆离去。

而对那些时间充裕，打算消磨时光的人，他们一进咖啡厅就会往里面走，或者找一个沙发坐下，或者围坐在玻璃圆桌边。一会儿就会有身穿黑色燕尾服的侍者过来为你点饮品。厅内的墙是红色的，上面挂满镶着涂金画框的名画，名人的手迹和宽大的镜子，加上墙壁上欧洲古典壁灯的照耀，使各厅非常明亮。顾客们边喝咖啡边看街道上来来往往的行人，行人也时常注目于他们，分不清谁是观众，谁是顾客。

入选理由：历史悠久、文化底蕴深厚、旅游胜地、罗马名片。

四、西雅图星巴克咖啡屋：一部商业的传奇史

诞生时间：1971 年

诞生地点：美国西雅图

咖啡屋年龄：44 岁

星巴克的名字源自美国《大白鲸》一书主人公亚哈船长的大副名字（Starbucks）。1971 年，第一家 Starbucks 咖啡屋在美国西雅图派克地区市场开张。星巴克或许是世界著名咖啡屋年龄最轻的咖啡屋，但却是全球最大的咖啡连锁店，也是最成功、独具特色的精品咖啡帝国。现在星巴克在全球范围内有近 21300 家分店。

星巴克咖啡店充溢着浓郁的北美情调。在这里，你可以品尝来自中美洲、非洲和印尼等咖啡原产区的 30 多种经过精心烘焙的名贵咖啡，同时还可以领略到“星巴克”提供的一系列手工制作饮料、新鲜烤制糕点的风味。所有星巴克的咖啡都是在 1 小时内新鲜研磨，以保存来自印尼与拉丁美洲的原始咖啡美味。星巴克的标准是：在每一位顾客点好后当场制作，在 20 秒内完成，立即端给顾客。一种质地浓稠、口味独特、气味芳香的浓缩咖啡，正是星巴克的招牌武器。

虽然星巴克咖啡在世界上到处都喝得到，但能坐在派克市场的第一家咖啡店，却又多了一层历史意义。这里的“拿铁”咖啡为冬

日饱受寒冷海风侵袭、饥渴的西雅图人提供了温暖，也因它成功地把这种温纯的口味渗入到较中性又从未被开发的咖啡市场，使得星巴克能席卷全世界，把西雅图咖啡的精神象征带到全球各地。

或许星巴克创导咖啡之外的体验也是吸引人之处。如气氛管理、个性化的店内设计、暖色灯光、柔和音乐等。或许，星巴克就将自己定位为城市的“第三空间”，即为那些白领阶层提供在家庭和工作场所之外的休憩空间，它是咖啡店，又不仅仅是咖啡店。在商务人士聚集的区域，为商业人士提供适合商务洽谈和工作的环境；在相对热闹的街区，为中产阶层提供偏向休闲，适合朋友小聚的空间；在大学和社区，为知识工作者提供适合朋友、家庭聚会的休闲场所。

正是这些导致星巴克为客户提供了奢华的体验、身心的愉悦、社会归属感、安全的避风港。这也是星巴克把这种产自美国的社会习俗在世界范围内推而广之的时候，导致了伴随全球化的星巴克化。使得星巴克成为全球首屈一指的咖啡业霸主。

在中国，若提起咖啡店，人们可能会列举很多，但是谁也无法不提星巴克。从 1999 年 1 月在北京开设第一家星巴克咖啡店开始，到 2014 年，星巴克已经开设近 1300 家中国门店，计划 2015 年要开到 1500 家门店。当你进入星巴克的咖啡店内，点一杯咖啡，感受一下环境时，其实，你在喝的并非只是一杯咖啡，而是在透过这杯咖啡所传递出来的美国民族特有的商业文化与商业传奇。

星巴克方面认为，现今，星巴克的核心市场是中国，核心消费者是中国人，“我们正在开始真正打入中国的清晨传统，我们迄今为止在中国的成功都是在没有形成清晨惯式的情况下获得的，一旦这个习惯被养成，销售量和公司的成功都将变得更大。”

五、圣彼得堡文学咖啡屋：普希金的精神故乡

诞生时间：1837 年

诞生地点：俄罗斯圣彼得堡

咖啡屋年龄：大于 178 岁

圣彼得堡“文学咖啡屋”位于涅瓦大街与大马尔斯卡亚街和莫伊卡沿岸街相交的地方。“文学咖啡屋”招牌上是一幅红色黑底的飞马图案，图案上下方用古老的字体写着醒目的“Литературное Кафе”（文学咖啡屋）。1837 年 1 月 27 日，普希金正是从这家甜食店喝完最后一杯咖啡，而直接奔赴决斗地点“小黑河”的。不仅如此，莱蒙托夫、陀思妥耶夫斯基、舍夫琴科等人也经常是这里的座上客。今天，文学俱乐部“文学咖啡”即设立于此。

声名在外的文学咖啡屋现在还保持着 19 世纪的装饰风格，非常典雅，一楼是咖啡厅，二楼是餐厅，厅堂的另一头，塑有一尊真人般大小的普希金坐姿蜡像。诗人身穿漂亮的燕尾服，右手握一支鹅毛笔，正在构思新诗行，桌旁还放有一顶他的黑色大礼帽。二楼才是文学咖啡屋。一架三角钢琴旁，有普希金大理石半身像，墙上挂着多幅圣彼得堡的风景画，格调比一楼更为高雅。

这家咖啡屋原名“伍尔夫甜食店”。巨星陨落之后，深受普希金影响的果戈理、陀思妥耶夫斯基等作家，经常来到这家甜食店，谈诗论文，针砭时弊，店铺的名气越来越响，故改名为“文学咖啡屋”。

这里是代表了俄罗斯伟大时代的一个地方，是“俄罗斯文学的太阳”！俄罗斯文化有着浓厚的历史底蕴，是值得骄傲的民族财富！圣彼得堡“文学咖啡馆”，令人不禁感慨系之：这家老店已超越了建筑本身，与普希金永存！

六、巴塞罗那四只猫咖啡屋：艺术家的天堂

诞生时间：1897 年

诞生地点：西班牙巴塞罗那

咖啡屋年龄：118 岁

“四只猫”是巴塞罗那的一个咖啡屋，位于老城 Montsió 街 3 号的马蒂之家，是艺术家拉蒙·卡萨斯·卡尔沃和佩雷·罗梅乌在 1897 年开的，店名出自一句西班牙的谚语，就是三五个人的意思。然而在今天，这家咖啡屋不仅门庭若市，更成为现代艺术史考据的一大重地。值得一提的是它的第一份菜单就是由年轻的毕加索设计的，此后，一个穿大衣摆的浪荡男子在此喝咖啡的画面就成为四只猫餐厅延续到今日的菜单封面。近年来学者还从这张菜单中发掘除了另一个重要意义，它解释了毕加索创作与日本浮世绘的亲缘关系。

“四只猫”咖啡屋内部的陈设与装潢是由建筑师 JOSEP PUIG I CADAFALCH 所设计，他将法国巴黎独有的咖啡馆风味带进巴塞罗那。餐厅内室大厅今日仍挂着毕加索当年个展时的复制品画作，与专门收藏大师早年创作的毕加索美术馆遥相呼应。内部的陈设与装潢让人仿佛回到巴塞罗那的黄金年代。20 世纪初，这里聚集着崇尚自由的波西米亚人和文人雅士，其中包括著名的毕加索、达利、米罗、高第、罗卡等人，而如今四只猫餐厅最重要的资产，竟是这些文人雅士当时在此喝咖啡时留下的草稿及涂鸦。

1898 年春天，毕加索在青年诗人的介绍下加入“四只猫”俱乐部，那时的“四只猫”已常汇聚艺术家、政治激进人物、诗人及流氓等各色人在此通宵达旦。当时毕加索才 17 岁，无钱更无名，却

因为独特的气质和才华很快成为“四只猫”的中心人物。

很多年以后，当年那些在“四只猫”穷困潦倒的厚脸皮艺术家中很多都成名了，而最有名的毫无疑问就是毕加索。他年轻时在这里留下了不少“墨宝”，曾有这么一个小故事，在巴塞罗那，一个贫困潦倒的老太太实在活不下去了，就拿出一些餐纸，上面的涂鸦经鉴定竟然是毕加索的真迹，再一打听，老太太年轻时原来正是“四只猫”咖啡馆的服务生。她也真是颇有远见，早早地就预测到了毕加索之后的声名赫赫。

1899 年，18 岁的毕加索在这家咖啡馆里举办了他的第一次展览，他的画还被用作菜单的封面。

1903 年，罗梅乌因为债务而结束了酒吧。后来被圣卢克艺术圈使用，直到 1936 年西班牙内战开始。1978 年西班牙民主转型期间，一个餐饮集团恢复了“四只猫”的营业，它终于在 1989 年重新开放。

七、爱丁堡大象咖啡屋：哈利·波特诞生地

诞生时间：1995 年

诞生地点：英国爱丁堡

咖啡屋年龄：20 岁

大象咖啡屋坐落在著名的马歇尔大街，红底黄字 the elephant house 非常醒目，是爱丁堡最好的咖啡厅之一。

大象是大象咖啡屋的主题，到处都是大象的影子，玻璃柜里是各种不同材质风格的大象玩偶，椅子是大象，玻璃上是大象贴纸，咖啡杯上印着大象，莫不要以为店主只是拿大象当个标志而已，其

实这背后是有故事的。由于人们利欲熏心，为非法获得象牙，每年有无数头大象被杀死，曾经的生存环境也被破坏。这个位于 Cafe 前厅与后厅之间的走廊，就成了保护大象的宣传区，贴满剪报跟大象的图片，还有些图片是顾客随手涂鸦的。

当年穷困潦倒的 J.K. 罗琳空有一身古典文学的好功底，与尚在襁褓中的小女儿从伦敦流落于此，失业的罗琳只能依靠政府的救济金支撑生活，住在一间没有暖气、没有空调的破旧公寓里。罗琳常常推着婴儿车，在公寓附近这间大象咖啡屋，只点一杯最低廉的咖啡，是为了取取暖，也是为了找个地方排解下失意的情绪。没有人注意到罗琳，曾经落魄的单身妈妈，就是在这个咖啡屋的角落里完成了《哈利·波特》,现在她是英国女性首富。人生是充满无限奇迹的，就像哈利波特的世界。

如今,《哈利 · 波特》系列小说已被翻译成 70 多种语言，在全世界两百多个国家累计销量达 4 亿多册，位列史上非宗教市场销售类图书首位。罗琳的成名，让大象咖啡厅声名大噪，慕名而来的拜访者络绎不绝。由于人气实在太旺，崇拜者都是慕名而来，不仅仅排着很长的队伍，而且还需要预约。

推荐理由：保护大象，哈利波特诞生地，下岗女工自我奋斗、把文化创意产业做成极致的楷模。

八、奥地利维也纳中央咖啡屋：最有人文气质的咖啡屋

诞生时间：1876 年

诞生地点：奥地利维也纳

咖啡屋年龄：139 岁

在维也纳，名气最大，文学家、音乐家、政治家又都乐于驻足的咖啡屋，莫过于在19世纪被称为“世界咖啡首都”“最人文主义”的中央咖啡屋了。“不在咖啡馆，就在去咖啡馆的路上”是很多小资青年都喜欢自我标榜的状态。事实上，这里的咖啡屋，指的正是维也纳的中央咖啡屋（Caf é Central）。

要知道，一个世纪多以前，中央咖啡屋也是世界政治风云的中心。列宁和托洛茨基会在这高高的圆顶之下思考他们的“十月革命”。其实，希特勒也经常光顾Central咖啡屋。至今，咖啡屋深处的一面墙上还有奥匈帝国的最后一任皇帝弗兰茨·约瑟夫和皇后（茜茜公主）的巨幅画像。

中央咖啡屋也是文学家们发表学说的咖啡屋。其中一位文学家普尔伽（Alfred Polgar）甚至还写有《中央咖啡馆理论》。论点则为“中央咖啡馆是一个与众不同的咖啡馆。它是一种世界观，而这种世界观最深刻的内涵是，不观世界，有什么可观的呢？”

大门入口处坐在椅子上沉思的雕像，正是奥地利作家及诗人阿尔滕伯格（Peter Altenburg）。当然，除此之外，让这里充满了艺术气息的还有贝多芬、舒伯特、约翰·施特劳斯父子的光临。画家克林姆特、席勒、佛洛依德也都是此处的座上宾。连希特勒、列宁、托洛茨基都青睐于此。虽然名人常来此，但更甚阿尔滕伯格的大概很少，这位“咖啡馆诗人”是真的把这里当成自己的家。不仅在被他人问及住在哪里时，会把中央咖啡馆的地址报上，还会把邮件直接寄到这里。据说，这位诗人连生命中的最后一口气，都是在这里呼出的。想必，那口气中还满是咖啡的香气。

中央咖啡屋由公爵府邸改建而来。论设计，它的外形传统、规矩，而内饰却华贵、堂皇，像极了外表认真而骨子里又优雅的奥地利人。

中央咖啡屋有着宽广的厅堂、哥特式的高顶、流线型的拱墙、大理石柱子和上了点年纪的家具和装潢。屋顶很高，厅堂宽敞，极具气势。内部装修充满了文艺古典气息，高高的天花板撑起室内柔和的光线。红色的地毯与绒面座椅尽显高贵。现在，虽然咖啡屋室内经过整修，但不变的，是它身子骨里那番清雅的气质。坐在这里的客人，在浓郁的人文气息影响之下，也乐得挑个窗边清静的角落，一边品咖看报，一边沉思古今。在此还少不了的是穿巡不歇又衣着整洁体面的服务生。

说中央咖啡屋是维也纳最具人文气质的咖啡屋，一点也没错。在这个咖啡之都的其他地方，你能品得到上好又醇香味美的咖啡，而在这里，你所能感受到的，又多一分儒雅气、书卷气、艺术气。说这里人文气息最浓，真的一点没错，看看门口这随意取阅的报纸架子就知道了。无论这里人气多足多繁忙，老拥护者们依然喜欢定时来报到。取上一份报纸，坐在习惯的角落，品一口咖啡，消磨一段时光。

有人曾说中央咖啡屋是人们“为了不被时间消磨而消磨时间的地方”（a place for people who have to kill time in order not to be killed by it）。

九、中国台北明星咖啡屋：漂泊者的栖息地

诞生时间： 1949 年

诞生地点： 中国台北

咖啡屋年龄： 66 岁

明星咖啡屋的历史甚至可以追溯到 1917 年俄国的十月革命。根据明星咖啡屋老板简锦维介绍，一位名叫乔治 · 艾斯尼（George Elsner）的白俄罗斯皇室贵族，因十月革命的关系颠沛流离到了哈尔滨，三年后辗转到上海法租界。1920 年，另外一位白俄罗斯人布尔林在上海霞飞路（今淮海中路）开设了明星咖啡屋。

1949 年，艾斯尼随国民政府来到台湾，认识了简锦维，于武昌街一段七号开设了明星面包店，来年于二楼开设明星咖啡屋。当时的店招是大大的英文“Astoria”，俄文意指宇宙中的星星，代表坚韧不拔的毅力，也是对故乡的思念。某种意义上说，明星咖啡屋注定是政治漂泊者与文学漂泊者的栖息地。

随着台湾局势逐渐稳定，许多来自上海等大城市的人们开始怀念资产阶级的生活情趣，定居下来的人们失去了往日的惬意氛围。Astoria 的出现让政商名流趋之若鹜，许多人都是西装笔挺地出席，贵族气息浓厚，甚至吸引了年轻的蒋经国。蒋经国曾在苏俄留学数载，妻儿都在苏俄出生长大，Astoria 让他们一家嗅到了家乡的味道，他们开始经常在 Astoria 举办酒会。

“反共抗俄”国策制定后，蒋经国与 Astoria 保持距离。白俄罗斯人渐渐淡出台湾，Astoria 也改名“明星”，艾斯尼去世后，简锦维接手明星咖啡屋。自此，有蒋家光环笼罩的明星咖啡屋成为上流社会、明星、文人常去的消费据点。

1959 年，台湾号称“孤独国国王”的诗人周梦蝶开始在明星摆摊，却只卖自己创作的诗和一些旧书，无事便喝咖啡写诗。周梦蝶一袭长袍，一卷在手，驻守明星 21 年，便成为了台北书街与明星咖啡屋的特殊街景。而明星也渐渐成为了文艺沙龙，白先勇、三毛、隐地、侯孝贤、龙应台、林怀民都选择在这里驻足，此时的明星已蜕变成台北市文学地标。60 年代台湾的年轻人中流行着“杂志看文星，咖啡喝明星”的时尚。甚至抗日领袖蒋介石委员长的最后一个生日蛋糕也是由明星制作的。云门舞集的创办人林怀民大学时期也在这里写作，怀抱着他的跳舞梦。

20 世纪 60 年代到 80 年代是明星咖啡屋最风光的时期，到了 1989 年，明星咖啡屋暂停营业，2003 年还发生大火，直到 2004 年才又重新开张。

明星咖啡屋虽是欧式咖啡屋，但其装潢十分简约，没有繁复花样的欧式窗帘、雕窗，只有简练的吊灯、木制窗棂、风格收敛的木桌，对于习惯了星巴克的现代人来说可能会少了一点惊喜，但是十分复古，颇有点文艺范儿，怪不得很多文人雅士在这里留下了足迹。

明星咖啡屋走廊的墙上至今挂着不少老照片，这家咖啡屋原来是在上海的淮海路，装饰具有浓浓的上海小资风情，张爱玲和三毛曾是这家咖啡屋的常客，因此成了不少人怀旧的好地方。明星咖啡屋在台湾布尔乔亚心目中的高贵地位，至今还是很享受这里的气氛。明星咖啡屋的一份人文的、优雅的、静谧的、闲适的氛围，以及汇集了各式各样的生活形态和各式各样的心情，使得明星咖啡屋成了各色人等的心灵归依。抗日名将白崇禧之子、著名文学家白先勇的《明星咖啡馆》一书出版，更是把明星咖啡屋的影响扩散到中国大陆。

十、中国北京中关村 3W 咖啡屋：创业的孵化器

诞生时间：2011 年

诞生地点：中国北京

咖啡屋年龄：4 岁

有人说3W咖啡屋的3W取名自万维网“www”的简称。因为，2011年8月6日开业那天，正好是中国互联网诞生20周年。3W咖啡屋创始人许单单则告诉记者：3W咖啡屋就是“Where We Work”的缩写，也是他们创业起步的地方。

3W的小咖啡屋店面不大，上下两层还不到200平方米，经营者是三个从事互联网行业的年轻人。3W咖啡屋的定位是：Here is the Social Circle of Internet。这家以互联网为主题的咖啡馆，迅速在互联网行业引来众多关注。联合创始人马德龙说：从称谓上来讲，我们不是一家创业咖啡馆，而是一家互联网主题咖啡馆。换句话说，在3W咖啡馆，不仅有咖啡、有创业者，更有创业者期待的场地、资金、投资人等机会。3W咖啡屋创办人许单单说：3W希望成为中国最专业、最完善的创业者帮助体系。说白了，3W咖啡屋就是一个创业咖啡屋。

虽然3W咖啡屋只有小小的门面，但每到下午，咖啡馆里就熙熙攘攘的，一层与二层已经坐满了形形色色的创业者，男士女士，年轻的年老的，默默坐在角落里喝着咖啡的，抑或是与其他人小声攀谈的。顾客多是来找投资资金的创业者和寻找“猎物”的投资人。尤其成为互联网公司创业、交流、活动的一个平台。它也许没有企业孵化平台那么高端，但同样可以充当孵化器的功能，尤其对初期的创业者。

3W咖啡屋内的陈设，主要是以白色和绿色为主色调，简单直接不奢华；每个桌台都摆放着一个绿色盆栽，植物的枝蔓蜿蜒向上遒劲攀爬，赋予了咖啡馆极强的生命力；旁边五角星的装饰架也给创业者一种触动，虽然正值创业早期，但手握有潜力的项目，只要再拿到一笔创业资金，大有“星星之火，可以燎原”之势。拾级而上，

二层的路演活动区和会议室，或是创业团队在这里陈述路演，或是金牌投资人为创业者开设免费课程。此外，全球知名互联网大佬的头像依稀可见，下面用阶梯形状做铺垫，仿佛告诉来这里的人，从默默无名的创业到登上行业巅峰，并非遥不可及、无路可走，寻找投资、铺设好创新创业阶梯是不可规避的路径。

3W 咖啡屋是名副其实的投资人的下午茶。其做法是每天请一个投资人过来，然后在众多创业者中甄选出 5 个，分给每位创业者 1 小时与投资人面对面的时间。这对于很多创业者来说是一个奢侈品，不是所有人都有这样的机会，即便是投资不成，也能从交流中学到些什么。由于活动形式的特殊，对投资人负责，提供优质的、规避不靠谱的项目就变得特别重要，活动的前一天，创业者把项目计划书先发到 3W 咖啡屋的邮箱，通过一个初步审核筛选，然后等待咖啡馆的回复，通过者将预约到与投资人面谈的具体时间。

3W 咖啡屋自开业以来已经举办了 300 多场活动，3W 深圳店一年多来也举办了 60 多场，现在则保持了平均每周 10 场活动的频次。这些活动有一半是 3W 组织策划的，还有一半是与合作伙伴共同操办的。具体的合作模式一般是收取场租费，但如果对方有很好的讲师资源，也可免费提供场地。他们与开源社区、人人都是 PM 这样的组织长期合作。

其实，像 3W 咖啡屋这样的创业咖啡屋在推动一个城市创业文化塑造的同时，也面临着自身生存的问题。除卖咖啡带来的点单收入，活动场地租金、孵化器等是覆盖成本的重要形式。此外，很多咖啡屋也在筹备自己的基金，目的是借助天然的项目优势，发现下一个明星公司。

有意思的是，当李克强总理来 3W 喝过咖啡后，3W 咖啡屋内的“总理同款咖啡杯”立刻受到疯抢，被众多创业者纳入囊中。

创办人许单单介绍说，如今的3W咖啡馆已经变成3W集团，旗下6个公司，分别是3W咖啡、3W传播、3W孵化器、3W种子基金、3W猎头和3W孵化器管理公司。互联网界的知名人士，比如去哪儿首席执行官庄辰超、淘米网首席运营官程云鹏、新东方联合创始人徐小平、红杉资本创始人沈南鹏等，则纷纷成为3W的股东。

此外，3W咖啡屋背靠中国国家自主创新示范区以及1+6政策的批复精神，为3W咖啡屋作为创业咖啡屋提供起飞的原动力。这些到3W咖啡屋的80后、90后的创业者们年轻、有活力、有冲劲，也有常人比不上的耐受力。他们愿意放弃白领金领的角色，投入到创业的浪潮中；他们也精于和投资人打交道，为自己的项目寻找资金。

更有意思的是，3W咖啡屋由100多位股东合伙，而这些股东都大有来头，包括沈南鹏、徐小平、张涛等互联网界和投资界的大佬，为此不断有不少创业者慕名而来，希望在3W能找到创业伙伴、投资人。

李克强总理到3W咖啡屋不仅是喝了一杯咖啡的问题，实际上是对80后、90后创业的支持，对创业咖啡屋的一种支持，更是对草根创业者的一种支持。

后 记

我们知道，现在大学的年轻人，为科研指标、课题经费、SCI的论文，还有教学工作量及大大小小的会议压得喘不过气来，写这些著作估计不能算科研成果，算不务正业，岂敢为之。资深教授对这些科普的东西估计嗤之以鼻、不屑一顾。我想，我们知青一代，有着上山下乡的苦难、有着改革开放时代的激情，如果再能跟上这个移动互联的时代，学习新的知识、新的理论，换换视角看问题，写写这样的著作，或许对社会有益，对80后、90后的创新、创业者有益，对希望从应试教育的折磨中挣扎出来的学生有益，那我们为什么不能把丰富的阅历加上学习、研究与思考的新体会，借助这种方式表达出来，为这个社会的创新、创业做个鼓吹手；为那些在工业时代、在民营企业与大学的打工族提供一点思想与学术的燃料。

撰写本书也是想为自己转型做个努力，希望努力做个转型的教授。人们对教授好的评价是学者、专家、学富五车；说得不好听的是“叫兽”“砖家”，主要是教授失去了知识分子应有的社会责任与使命，成为政府政策的应声虫。其实，教授是只有体制内才能评的，中国的教授是国家本位的，体制外是不可以，或者很少可以。体制内的教授很难具有独立的人格与自由思想。所以，自己想从纯学术研究的教授向面向大众的独立研究者、自由撰稿人转型时，实际上是要求自己走出体制，否则转型只是空话一句。我想一个知识分子只能作为独立撰稿人，独立思考，依靠市场生存，依靠市场证明自己的思想与学术。这本著作就是这种转型的努力，也是学习发达国家西方的通俗畅销的学术著作的做法，既保持其内容的学术性，又以其鲜活有趣、人人易懂的写法，将学术作品大众化，走入寻常百姓家。

咖啡屋虽然是我第一次研究的问题，但在创新、创造、创业这个领域已有20多年的研究。曾出版了《知识经济创新论》《知识经济与技术创新》《创新型城市的路径分析》等专著；受政府委托主编了《创新创业在武汉》的专业技术人员培训教材；发表了不少关于创新、创业的论文；在全国诸多大学、公司及各类文化大讲坛也做过《聪明的中国人为什么缺乏创新》《创新、创业与创造性思维》等讲座与学术报告。

书籍在出版过程中首先得到老师李京文院士作序。先生的学生不少都是中央委员、省部级领导、著名学者与大企业家。似乎近10年来出版的多本著作都是先生作序的，可见先生对学生的特别关爱与提携。这是永远铭怀于心并衷心致谢的。

自己的不少朋友与同事、包括80后的学生也写了推荐词，在此一并致谢。包括首都经贸大学原数学系主任沈大庆教授，北京第二外国语学院唐晓敏教授，智能机器人专家、清华大学工学博士连广宇，北京社科院副研究员陆小成博士，北京千龙新闻网前副总裁兼技术总监田辉副教授，湖北工业大学管理学教授金勇博士，中国高新区杂志社项耀汉社长等。也包括年轻的朋友，比如牛津大学教育学博士吕文威，中国科学院理学博士付子依、中国社会科学院法学博士王一诺、武汉大学经济管理学院管理学博士黄颖斌、华中科技大学教育学博士刘义、北京工业大学应用经济学博士袁页、武汉电视台记者范白蕾女士，北京时代华文书局编辑张原女士等。

著作写作过程中也借鉴了不少专家、学者、教授、媒体撰稿人的专著、期刊文章的研究成果及网络报道、博客、微信的思想，在此一并致谢。